統計学 × データ分析

基礎から体系的に学ぶ
データサイエンティスト養成教室

STATISTICS × DATA ANALYSIS

Training for data scientists from the basics

浜松ウエジマ

SB Creative

本書に関するお問い合わせ

この度は小社書籍をご購入いただき誠にありがとうございます。小社では本書の内容に関するご質問を受け付けております。本書を読み進めていただきます中でご不明な箇所がございましたらお問い合わせください。なお、お問い合わせに関しましては下記のガイドラインを設けております。恐れ入りますが、ご質問の際は最初に下記ガイドラインをご確認ください。

ご質問の前に

小社 Web サイトで「正誤表」をご確認ください。最新の正誤情報をサポートページに掲載しております。

- 本書サポートページ URL

  https://isbn2.sbcr.jp/15215/

ご質問の際の注意点

- ご質問はメール、または郵便など、必ず文書にてお願いいたします。お電話では承っておりません。
- ご質問は本書の記述に関することのみとさせていただいております。従いまして、○○ページの○○行目というように記述箇所をはっきりお書き添えください。記述箇所が明記されていない場合、ご質問を承れないことがございます。
- 小社出版物の著作権は著者に帰属いたします。従いまして、ご質問に関する回答も基本的に著者に確認の上回答いたしております。これに伴い返信は数日ないしそれ以上かかる場合がございます。あらかじめご了承ください。

ご質問送付先

ご質問については下記のいずれかの方法をご利用ください。

▶ Web ページより

上記のサポートページ内にある「この商品に関する問い合わせはこちら」をクリックすると、メールフォームが開きます。要綱に従って質問内容を記入の上、送信ボタンを押してください。

▶ 郵送

郵送の場合は下記までお願いいたします。

〒 106-0032　東京都港区六本木 2-4-5

SB クリエイティブ　読者サポート係

はじめに

　この度は、「統計学×データ分析　基礎から体系的に学ぶデータサイエンティスト養成教室」をお手に取っていただき、ありがとうございます。本書は、**データ駆動型社会といわれる現代において、データ活用人材を目指すビジネスパーソンに必要な統計学とデータリテラシーの基礎を解説したもの**です。

　統計学の活用領域は幅広く、様々な分野の人がそれぞれの目的に応じて統計学を活用しています。本書は、主にマーケティングなどビジネスにおいて統計学を活用することをイメージして執筆しました。そして、ビジネス領域に限らず、幅広い分野に携わる皆さんに、**統計学とはどういうものか、統計学を使うことで何ができるようになるか**ということを理解していただきたく、重要なトピックを取り上げました。

　まず、何気なく使われることの多い「データ」という概念を正しく理解していただき、その後、統計学の基本的な概念や、統計学を用いたデータ分析の特徴を解説し、統計分析の結果からどういうことは言えてどういうことは断言できないかといった適用範囲を議論します。さらに、ハンズオン形式で知識の定着をしていただくために、実践的な演習問題（解答付き）をご用意しました。

　統計学を活用する上で数式は欠かせません。本書では、不可欠と思われる数式を厳選して掲載しております。初学者向けの本には「数式が出てこないエッセイ」もあるのですが、何となく雰囲気はわかっても、それだけでは実践的に使えるには至らないのが現実だと思います。皆さんには、しっかりと数式に基づいて統計学の重要概念に関する真の理解を手に入れていただきたいです。統計学を活用する上でも、統計的な議論についていくためにも、貴重な糧となると確信しています。

　さて、皆さんは、様々な背景を持ち、様々な目的で統計学を学ぼうとされていると想像します。幅広い領域で使われている統計学について、すべての方の目的を1冊で網羅することは不可能でした。本書は、すべての方に共通する「基礎」に特化しています。本書の最後に、発展的な学習に利用する書籍を推薦しましたので、読者の皆さんは、その目的に応じて、さらなるステップアップしていただければ幸いです。

　最後に、本書において多大なるサポートをいただいたSBクリエイティブの皆さんおよび編集者の荻原さん、何時の時も支えてくれた家族、そして執筆に関わってくださったすべての方々に心よりお礼を申し上げます。

2022年12月

浜松 ウエジマ

CONTENTS

本書について

　本書は丁寧な解説と演習で読者の皆様がしっかりと知識を定着できる構成になっています。本書を十分に活用できるよう以下の項目をご確認ください。

ダウンロード

　本書では演習問題ではサンプルファイルを利用して演習を行います。演習用のサンプルファイルをダウンロードのうえ、ご活用してください。ファイルのダウンロードは以下の URL よりお願いいたします。

　なお、ダウンロードの際は、プロダクトサイトの内の説明と注意事項のご確認をお願い致します。

- https://www.sbcr.jp/product/4815615215/

キャラクターの紹介

　本書では大切なポイントやおさえておきたい知識を会話形式で解説しています。会話に登場するキャラクターについて紹介します。

≫ 浜松先生

データ分析と統計学を語るのが好き。丁寧で分かりやすい説明が評判で多くの生徒から支持を得ている。

≫ 竹丘さん

データ活用人材を目指す。最近、データ分析の学習をはじめたばかりの初学者で、データサイエンス知識をイチから浜松先生に教わっていく。

Chapter 1

統計学とデータ分析

　この章ではまず、統計学で扱う「データ」、データ分析という言葉に表されている「データ」にはどのような種類や特徴があるのか、を理解していただくことを目指します。データから価値ある情報を引き出す意義を、多角的に解説します。

　まず、統計学の2つの代表的な分野である「記述統計学」と「推測統計学」のそれぞれのアプローチや使い分けを学び、記述統計学における全数調査や推測統計学における母集団と標本抽出の概念を学びます。

　続いて、データ分析とは具体的にどのような業務なのか、データ分析から得られるインサイトを購買分析やレコメンドの最適化、離脱予想など、実世界の様々な事例から理解していきます。

1.1 統計学とは

　日々の生活の中には統計学に密接に関連した話題が常にあふれています。例えば、テレビの報道番組では集計されたグラフを提示しながらニュースを伝えています。広告を見ると、「この商品の効果は 50 個のデータ値を統計処理した結果として示す」など、統計に関連する言葉が至る所にあります。このような「お話」を統計学の知識に基づいて正しく理解し、さらに統計学を活用して有意義な情報を提供できる人材になっていただきたいです。

　著者からみれば、統計学ほど広く利用されている学問分野はそう多くはないように思います。少なくとも、統計学は他の分野で広く活用されている分野の 1 つといえます。

　「統計学」の定義は様々です。利用する場面によってその解釈が異なるからです。あえて一言でいうと、統計学の狙いは、**データの本質を理解し、データから価値ある情報を引き出す**ことです。これを実現するためのアプローチの違いによって、統計学は複数の分野に分類されます（詳しくは 1.4 節で）。本書でも、Chapter ごとに異なる観点から統計学を語っています。

　ここでいう「データ」とは「**何らかの目的のために取得されたまとまった数値や符号や文字の集合体**」として解釈しましょう。

　まずは、「**統計学とは何か？**」、「**統計学で何ができるのか**」について、大まかなイメージをもってみてください。

「統計学」の中の「統計」はそもそも何ですか？

「統計」とは一般的に、データの特徴を数値で捉えたものを指しています。

「統計」は数値でないといけないですよね？

絶対条件ではないですが、客観的で明確な情報を伝えるために数値でデータの特徴を表すことが望ましいです。
例えば、「町Aと町Bの人口がどれだけ近いのか」に答えるときに、「結構近い」のような曖昧な回答ではなく、「町Aの人口は町Bの人口の9割である」と数値で述べた方が価値の高い情報ですよね。

1.1.1 統計学でどんなことをするのか

　ここで、突発的ですが、「統計学」や「統計」のもととなる「データ」について重要なポイントは以下です。

データには、必ず不確定性、誤差とばらつきが伴います！

　もし、この国で誰もが一律の給料をもらっていたら、「所得の分布」や「貧富の格差」を調べる意味が薄いですよね。データにはばらつきや不確定性が存在します。だからこそ、統計学やデータ分析が、現象を比較し、理解するための、大事なツールになるわけです。
　ばらつきのある大量なデータをただ眺めても、そこから知見を得ることは困難です。データのボリュームを確認する、傾向や分布を観察する、平均や分散などデータを特徴付ける指標を算出する、特異点の有無を確認する、カ

テゴリに分ける、などを実行してはじめて「使える情報」を引き出すことができます。データの活用はこのような「ばらつきのあるデータに多角的な処理を施す」ところからはじまります。

　以下では、統計学の用途を複数の視点から解釈しましょう（データは架空のものです）。

解釈1：統計学を通じて、データの特徴を明らかにする

　統計学は、統計（データの特徴を数値で表したもの）について研究する学問です。データの特徴を明確にするために、「統計量」を算出したり、グラフにしたりするなど表現の工夫をします。

例

データをもとに統計量（平均や分散）を計算する

データ

ID	身長
000000001	191.71
000000002	139.42
000000003	171.35
⋮	⋮
104894239	163.57
104894240	180.31

統計

最小値	最大値
109.88	220.65
平均	中央値
166.00	166

例

　データの広がり具合や傾向を視覚的に理解するために、数値データを目的に合ったグラフで可視化する。

データ

ID	身長
000000001	191.71
000000002	139.42
000000003	171.35
⋮	⋮
104894239	163.57
104894240	180.31
104894241	154.98

年	平均身長
1970	167.8
1971	168.3
1972	168.3
⋮	⋮
2018	170.6
2019	170.6
2020	170.7

グラフ

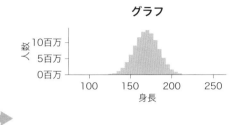

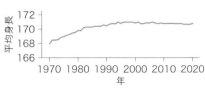

> 解釈2：統計学を通じて、個々の観測対象から集団の性質を抽出する

　統計学では、データが発生する源は母集団と言います。母集団から抽出した一部のデータは標本と言います。例えば、アンケート調査を行うために、「企業の全従業員」(母集団)から「一部の社員」(標本)をランダムに抽出します。

　母集団が大きすぎる場合、母集団をすべて調べることは困難です。この場合、**標本を調べることで、母集団の特徴を推定**しようと試みます。その意味で、統計学は確率を扱う学問という考え方もあります。

- 母集団Aについての傾向や特徴を知りたい(例：企業Aの従業員の年代別の年収)
- 母集団Aと母集団Bの違いを知りたい(例：企業Aと企業Bの従業員の平均継続勤務年数を比較したい)

これらを知るために、標本収集、測定、調査、計算、分類などを行います。

例

大人の平均身長はどれくらい？

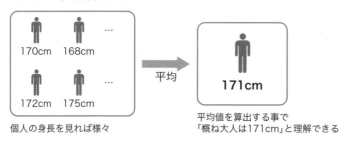

個人の身長を見れば様々

平均値を算出する事で
「概ね大人は171cm」と理解できる

例

大人と子供を、身長を見れば見分けられる？

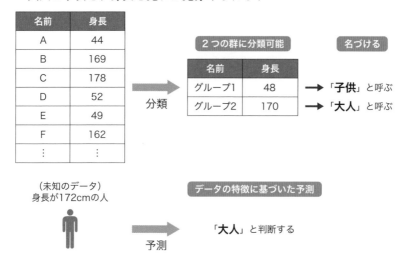

解釈3：統計学を通じて、データの広がりを知る

　平均値はデータの全体像を理解する上で重要な指標です。しかし、平均値だけを見ても全体像を正しくイメージすることができません。

例

　キャリアウーマンの A さん（35 歳）がいるとします。

　A さんの母親：「あなたはもう東京都の平均初産年齢 31 歳を超えているのに、まだ結婚を考えていないの？」

　A さん：「周りでまだ独身の女友達が多いけどなあ… 東京住まいの皆の初産年齢がそんなに早いの？」

　そこで、A さんは、東京都の出産経験のある女性からランダムに抽出して集めた初産年齢のデータをヒストグラムとしてプロットした資料（図 1.1.1）を見つけました。この図から、初産年齢の広がりの様子を観察できて、あくまでも「平均」の出産年齢は 31 歳と案外若いけど、実際は 20 歳未満で初産の方もいれば、40 歳前後での初産もそれほど珍しくないことがわかりました。これをもって、A さんは安心して、まだまだ仕事に没頭しても大丈夫だと判断しました。

　これは、**平均値だけに惑わされてはよくない、データの分布を見ることも重要**であることを主張する例です。

図 1.1.1　東京都の出産経験のある女性からランダムサンプリングし、初産年齢の
　　　　　データを集めて、ヒストグラムにした資料（データは架空のもの）

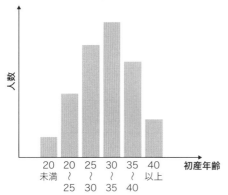

　あるメーカーの乳酸菌サプリがダイエットに効果があるかどうかを知りたいとします。そのためのデータを仮に次のように集めたとします。

　実験参加者が決まった後で「サプリを服用しない人」と「サプリを 3 ヶ月間服用し続ける人」に分けます。それぞれのグループについて、体重や体脂肪率の変化、食事や身体活動の変化などに関するデータを集めます。そして、サプリ服用以外の要素（食事や身体活動）の変化がほとんどなかったという前提で、服用していた人と服用していなかった人で体重の違いを比較します。

　さらに、服用期間の長さを色々変えながらデータを取ると、服用期間と体重減少の相関を調べることができます。

（※上記はあくまでも統計学の 1 つのイメージであり、サプリの効果の検証は、これだけで十分なわけではありません。）

　一度まとめましょう。統計学は、以下のようなことを達成するための手法を体系化した学問分野として捉えることができます。

> **統計学の目的をまとめると…**
>
> - データの性質を客観的に表現することで、有益な情報を抽出する
> - 全部調べきれない母集団から標本を抽出して調べることで、元の母集団の性質を推定する
> - 2 つの現象（集団）が互いにどのように関係しているかを調べる

1.1.2　統計学はなぜ注目されているのか

　本書を読んでくれている皆さんと同様に、自然科学、心理学、社会科学、ビジネスなど社会で広く使われている統計学を学びたい方が近年増えています。なぜ統計学は関心を持たれているのでしょうか？

2000 年以降、インターネットが普及するとともに、**膨大な量のデータが高速に自動的に蓄積**されるようになりました。この「ビッグデータ」には、ビジネスや日常生活に非常に有用な知識が潜んでいます。ビッグデータ時代とIT 技術の進化のシナジーが、**データ利活用への注目度を加速**させています。

例えば、企業間で競争優位を築くために、**データを賢明に活用し、データから価値を生み出す**ことの大切さがますます明らかとなっています。データ分析が多くの組織で重要視されるようになってきた今、「データサイエンス人材」の需要も年々右肩上がりであり、その育成が喫緊の課題になっています。

社会に蓄積されているデータは、数えきれないほどの種類があります。最近では、商業データ（購買履歴、顧客情報、在庫状況など）だけでなく、ソーシャルデータ[1]も急速に増加しています。例えばSNSやブログには個々の消費者の嗜好や消費活動の様子に関する本質的な情報が潜んでいます。データ分析担当を通じて、これらのデータを企業の中で正しく利用すると、消費者の嗜好や消費活動のニーズに合った商品やサービスを提供できるようになります。

日々新たに生まれる膨大なデータ…もはや我々は情報の海にどっぷり浸っている状態です。こういう時代に統計学を用いた分析（「統計分析」）が重宝される理由としては以下が挙げられます。

理由その1：データを入手した際に、それらを活用して価値を生み出す

データはどんなに蓄積しても、活用しなければ意味がありません。分析の技術を発揮できれば、次々と蓄積されていく情報の山を宝の倉庫に変換できます。

例えば、顧客ID付POS、ウェブサイトの閲覧履歴、購買履歴が簡単に取得できるようになった今、これらのビジネスデータの分析を行うと、その分

---

[1] ソーシャルプラットホームから取得できる個人のデータ

析結果がマーケティングや販促において活躍します。

理由その2：データを分析して得られた結果を正しく解釈する

　ビジネスに限らず、日常生活の中でも、情報を正しく活用できてこそ人生において正しい判断ができます。

　ありとあらゆる源から発信されるデータは、様々な観点を持つ人物に解釈されて、二転三転しながら我々に届けられます。メディアで報道されている言葉が常に正しいとは限りません。意図的にねじ曲げられていることだってあります。**統計学に関する最低限の知識を持っていれば、身の回りの間違った情報を警戒し見抜く**ことができるようになります。ビジネスの世界でも常に（良い意味で）「疑い」の精神を持って他人の提案や分析結果を吟味できると、誤りを見抜き、正しい戦略や施策を立てやすくなります。

シナリオ

（キャスター）
「今度のワクチンですが、12歳以下の子供への接種に関して多くの親が反対しています」

何名かの親のインタビュー音声が流れる（4名のうち3名は反対の意見）

（番組を観た子供の母親）
「皆が子供に打たせたくないから、うちもやめたほうがいいかな…」

　上記のシナリオを見て、あなたは何を思いましたか？

　ニュース番組側の発言「今度のワクチンですが、12歳以下の子供への接種に関して多くの親が反対しています」だけを聞いて、すぐに自分自身の行動を決めてしまう方がいましたら、もう少し情報の受け止め方を考え直したほうがいいでしょう。

　このケースでは、4名のインタビューしか聞いておらず、そのうち3名が反対していたからといって、それはなぜ「多くの親が反対している」という発言の根拠となり得るのでしょうか？　これだけでは統計学に基づいた科学的な、客観的な判断が到底できません。

　番組側は全部で何名の調査をし、そのうち何割の親が反対したのか、という統計を明らかにしなければいけません。

1.2 データ分析とは

1.1 節では、統計学のイメージをお伝えしました。この節では統計学が活躍している「データ分析」について説明します。

統計学と同じく、データ分析の定義も様々な表現ができます。

1 つの描写の仕方は以下です。

決まった目的のためにデータを収集し、そのデータに対して、取捨選択、分類、整理、整形、観察、計算などの操作を加えることで、価値のある情報を発見すること

価値のある情報を「インサイト」とも呼びます。

前節で述べたように、今では大量かつ多様なデータが高速に、自動的に社会に蓄積され続けています。これらのデータからインサイトを引き出すために、データ分析が盛んに行われています。

では、データ分析とは具体的にどのような業務でしょうか。データ分析のメリットを活用事例から見ていきましょう。

データは数値だけではなく、文字や符号で構成されていることもあります。通常、これらの数値に変換してから分析を行います。
分析の目的に合った、偏りの少ないデータを十分に集めることがデータ分析の第一関門です。

1.2.1 データを利活用すると何が嬉しいのか？

自社に溜めている何年分もの販売履歴データをただ眺めているだけでは、

売上向上やシェア拡大に繋がる施策を提案しにくいです。経験則や勘に頼りながら提案したとしても、周りからは「納得できる根拠を示せないと行動を取れません」と言われるはずです。

　以下のような一連の業務をこなしてはじめて、ビジネス施策にデータを活用し、施策立案や意思決定に使える洞察を得ることができます。

　データを集約し整理する➡分析にふさわしい形に加工する➡各データの関連性を調べる➡分析に効きそうな特徴を探し出す➡目的にあった分析手法を用いて分析する

　これらが出来ると以下の効果を期待できます。

- 現状の理解や将来予測がしやすくなる
- 客観的な数値（分析結果）に基づいて、正しい判断をすることができる
- スピーディーな意思決定をサポートしてくれる
- これまで見落としていた問題点や新たなチャンスに気づきやすくなる

1.2.2　様々なデータ分析の手法

　データ分析の手法は多種多様です。分析の目的や環境によって使い分けられます。例えば、以下のような分析の手段が挙げられます。

- Excel を用いた分析（統計分析に多い）
- Python や R などのオープンソースプログラミング言語を用いた分析
- 人工知能（AI）の一種である機械学習を用いた分析
- BI ツールなどの、分析用ソフトウェアを用いた分析

　どの手法を選ぶかは、**分析担当者が持つスキル**にも依存します。例えば、SNS データの分析の例は Python（スクレイピングとデータ加工）と BI ツール（可視化、閲覧）の連動で行うと便利です。一方で、プログラミング未経

験者のマーケティング担当者が取引データを分析する場合、Excelを用いた統計分析やマウス操作だけで分析を行える「セルフサービス型 BI ツール」を先に検討するかもしれません。

　以下では、様々な分析手法の中から、統計学に基づいた手法を中心に紹介します。この一部を本書の演習で後ほど実際に試していただきます！

1.2.3 データ分析の具体例（ケーススタディ）

　データ分析を駆使して、どんな成果が得られるかを具体例で見ていきましょう。

回帰分析：将来の売り上げを予測

　回帰分析は、そのシンプルさとわかりやすさゆえに、非常に広範囲に活用されています。

　回帰分析は、**ある数値変数（Y）の変動を、その原因となりうる別の変数（x）の変動により説明**することを目的とします。一般的に、変数 Y は「**目的変数**」と呼ばれ、これが予測したい値です。変数 x は「**説明変数**」と呼ばれ、予測したい値に寄与する要因です。

　変数 x と変数 Y の関係性を捉えた数式は「**回帰式**」または「**回帰モデル**」と呼びます。いったん回帰式を求めることができれば、それを将来のデータに対する予測に使えます。つまり、回帰式に当てはめることで、現時点でまだデータがない領域の値を予言することができます。

　回帰分析の中で特に**線形回帰**は頻繁に利用されています。本書では以下、線形回帰のみ取り扱います。説明変数が 1 つだけある場合は**単回帰分析**、2 つ以上の場合は**重回帰分析**と呼びます。単回帰分析の回帰式において、説明変数 x と目的変数 Y 間の関係性は次のような直線で表されています。

$Y = a \cdot x + b$ 　　（**式 1.1**）

　中学の数学で学ぶ一次関数と同様に、（**式 1.1**）の a を「傾き」、b を「切片」と呼びます。**図 1.2.1** はに単回帰分析の基本構造が示されています。

図 1.2.1　単回帰分析：未知のデータ x を投入すると予測されるデータ Y が求まる

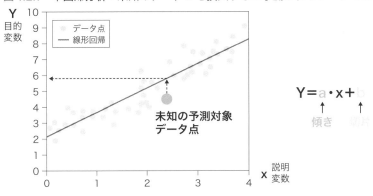

　回帰モデルは、「〇が上がれば●が下がる」のような分かりやすい一次関数で表現されており、将来予測だけでなく、傾きや係数から特に効いている要因を理解できるのも嬉しいです。

　回帰分析は詳しくは Chapter 4 で解説と演習を行いますが、ここでは先に、回帰分析を使った売り上げ予測の事例を紹介します。

　図 1.2.2 には、回帰分析の適用例が説明されています。この例は、「一日の最低気温」を使って、あるお店の「鍋の素の売上額」を予測しようとしています。表には、過去の最低気温と鍋の素の売上額を記録したデータがあります。このデータを使って回帰式を求め、表中でハイライトされている「将来」の領域を予測します。

　まずデータ点 (x, Y) をプロットします。横軸 (x 軸) が「一日の最低気温」、縦軸 (Y 軸) が「鍋の素の売上額」の散布図となります。この分布に（**式 1.1**）で表される**直線を当てはめ**、分布を良い具合に表現できる傾き a と切片 b

を決定します。この例では、図 1.2.2 の青い直線が導かれています。このプロットより、例えば、最低気温が1℃下がるごとに、鍋の素の販売金額が何万円増える傾向にあるのか、の傾向を読み取ることができます。これこそが回帰予測モデルです。そして、回帰モデルに将来の x 値（最低気温）を代入すれば、予測値 Y（売上額）が得られます。

 将来は天気予報に基づいて販売量を予測することで、入荷数、商品在庫、従業員の人数、投資額を調整できるなど、便利なことが増えます！

　上記の例は1つの説明変数のみで予測する単回帰ですが、さらに曜日、天気、イベント開催の有無などの変数を追加した重回帰分析モデルにすることで、もう少し複雑な状況を表現することもできます。

日付	最低気温(℃)	鍋の素の販売金額(万円)
2022/10/30	15	10
2022/11/5	13	12
2022/11/10	10	14
2022/11/20	5	20
:	:	:
2022/12/20	2	25
2022/12/25	0	30
:	:	:
2023/11/20	入力値	予測値
2023/12/25	入力値	予測値

┐
├ 将来
┘

図 1.2.2　回帰分析を用いて、「最低気温データ」と「鍋の素の売上データ」をもと
に、将来の売上予測を行う例

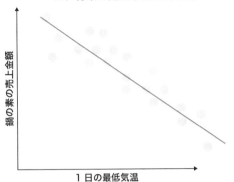

縦軸: 鍋の素の売上金額
横軸: 1 日の最低気温

度数分析：データの傾向をひと目で把握

　度数分析では、**データの数値をいくつかの階層に分け、各階層に属する
データの個数を表示することで**データを整理します。これによって次ページ
の「度数分布表」が得られます（図 1.2.3 左）。度数分布表を棒グラフ状にプ
ロットしたものを「ヒストグラム」と呼びます（図 1.2.3 右）。度数分析を活
用すると、データ全体の分布状況、データが代表する集団の性質や傾向を視
覚的に把握することができます。

　度数分析の階層（階級とも呼ぶ）の幅の取り方によって、見せ方や解釈の
仕方が左右されるので注意が必要です。

　度数分析の用途として、次のような例が考えられます。販促クーポンを一
番来客数の多い時間帯に店頭で配布したいとします。来客数をヒストグラム
で可視化することで、最も来客数の多い時間帯を調べることができます。

　　実は、度数分布は中学の数学の授業で一度習ったのを今思い出しま
　　した。日常的に使うことがないと忘れてしまいますね…

図 1.2.3 　度数分析によってデータはどのような値を中心として分布し、どれくらいの広がりがあるのかをひと目で把握できる

度数分布表

階級	度数
0〜9	1
10〜19	6
20〜29	10
30〜39	5
40〜49	2

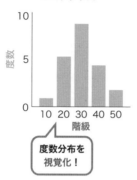

ヒストグラム

度数分布を視覚化！

クラスター分析：顧客セグメンテーション

　「クラスター」という英単語はもともと「集団」や「かたまり」の意味をしており、分析では、データの属性に基づいて分類した後のデータ群を指しています。クラスター分析は、異なる性質のものが混ざり合ったデータから、互いに類似した性質を持つグループに整理する手法です。

　購買データを用いて「どのような顧客層がいるのか」を認識することを目指した分析は「**顧客セグメンテーション**」と呼びます。どのような種類の顧客が存在するかを推測し、その情報をもとに、ブランドポジションの確認や顧客セグメントごとの効果的な販促（クーポンやキャンペーン）を打ち出すことができます。

　以下で紹介する他の例は必ずしも、統計的な手法を用いているわけではないですが、データ分析のイメージをより豊富に持っていただくためにぜひ目を通してください！

ネット・ショッピングにおけるレコメンド機能の最適化

　ウェブ・ショップの購入サイトで「この商品を買った人はこういう商品も見ています／買っています」や「あなたが興味を持ちそうな商品」などのレ

コメンド機能に遭遇したことがあるかと思います。ウェブ・ショップの運営側は、データ分析を活用して、買い物客が求める商品をより的確に表示し、検索精度を改善するための工夫を行っています。結果としてファンと売上を増やしています。この分析には、顧客データ、販売データ、閲覧履歴(ウェブ上で追跡可能)に加えて、世の中の興味や流行に対する市場調査の結果も活用されています。

よく一緒に購入されている商品　　　　　　　　　　**この商品に関連する商品**

出典：Amazon

併買分析による広告の最適化

　出版社 S は、ある電子雑誌 A の購買者が最近減少気味であることを懸念しています。購買数を増やす作戦の 1 つとして電子雑誌中で表示される広告を最適化しようと企画しています。ここで「**併買分析**」を行います。もともと総合ポイントカード会社と提携しているため、雑誌 A を購入している方が他にどのような商品を頻繁に購入しているのかを、複数の粒度(商品カテゴリ、商品名)で分析することができます。また、該当電子雑誌は他にどのような(電子)雑誌、コミック、書籍を閲覧しているかを調べることでも、会員の興味の深堀につながります。

メンバーシップ会員の離脱予測

　あるサービスを提供する企業は、会員の離脱を防止する対策を検討するために、データ分析を活用しています。企業内に蓄積されているデータには、購買履歴、継続期間、会員ランク(シルバー、ゴールドなど)、支払い形態(クレジットカード、銀行振込など)、会員区分(個人会員、家族会員、法人会員)、年齢、性別、地域、サービスサイトを閲覧する媒体(PC、タブレッ

ト、モバイルなど)、流入媒体(SNS、看板、ネット広告)など、分析に有益
な情報が多くあります。さらに追加で取得したアンケートデータを用いま
す。どのような特徴を持つ会員が離脱しやすいのかを明らかにし、離脱を防
止するための施策を立てて一定期間をかけて検証します。

食品メーカーの商品開発

　食品メーカーが雛祭りに向けてヒット商品を新規開発しようとしていま
す。手がかりとなる情報を得るために、SNSから取得した情報をもとにデー
タ分析を行います。具体的に、TwitterとInstagramの投稿を、Pythonを
用いた自然言語処理およびウェブ・スプレイピングの技術を駆使して体系的
にかき集めます。

　ウェブ・スクレイピングはAPIを用いて行うこともできます。ただし、
ウェブからデータを自動収集する場合は、サイトの規約をよく読み、問題が
ないのか、何か制約がないのかを必ず確認しましょう。

　投稿の文章に自然言語処理を適用して、皆は雛祭りに「どんなシーン」で
「どんな食品」を「誰」と一緒に楽しんでいるのかに関する用語を抽出します。
投稿には画像が含まれることもあるので、ディープラーニングを用いた画像
解析技術を適用して、文章では伝えられないような濃厚な情報を手に入れま
す。以上の分析結果を商品開発の「気づき」につなげていきます。

　以上、いくつものデータ分析の具体例を、その良さに注目して列挙しました。
　注意していただきたいのは、「有効であると一般的に言われている」分析
手法を適用しても、毎回高い精度の分析結果が得られるとは限りません。な
ぜなら、**分析がうまくいくかどうかは、手法そのものだけではなく、対象
データの質やデータ加工の技術が影響する**からです。また、高い精度の分析
モデルが得られたとしても、その結果に基づいて打ち出した施策が現実の世
界で成功するとは限りません。

感心しました！　これだけデータ分析が企業の活動や私たちの日常生活に深く関わっており、貢献していますね。

データ分析がどういうものかを理解し、客観的にデータを解釈できる知識を身につけてください！

1.3 データ分析官は
日頃どんな業務をしている？

　筆者は自分の職業を聞かれた際、「データ分析官」という言葉をよく使います。あえて、仰々しい「データサイエンティスト」をいう言葉は使いません。なぜならば、主観ではありますが、「サイエンティスト」は日本語で「科学者」の意味なので、世間離れした学者肌の人物をイメージさせてしまうと思ったからです（もちろん「データサイエンティスト」を肩書とされている方にも、ビジネスに明るい方はたくさんいらっしゃいますが）。

　「データサイエンティスト」以外の表現として「データ活用人材」があります。プログラミング、IT システムの構築や運用、ビジネス力など、データ活用人材に必要なスキルや素養は様々です。

　ただ、全てに精通している人材は非常に稀というよりも、ほぼいません！だからこそ、所属する企業や組織などの社会のコミュニティにおいて、様々なデータ活用人材がいて、業務の役割分担をしています。

> データ分析を専門とする会社では、毎回異なる分野のクライアントのデータを扱うこともあれば、特定の分野（例えば、EC、広告、金融、医療）で活躍することもあります。

　私の中で、「データ活用人材」は大きく2つのグループに分けられます。1つは「**データ分析官**」、もう1つは「**AI エンジニア**」です。どちらも他の表現があります。例えば「データ分析官」は「データアナリスト」とも呼ばれます。

　どちらかというと、「**データ分析官**」の方は業務系寄り、フロント寄り、ビジネス寄りなどの言葉で捉えられ、「**AI エンジニア**」の方は開発寄り、実装重視と言われています。

　データ分析官はデータを分析するのとともに、その結果を踏まえ、ビジネス上の改善や問題解決のための施策立案にも関わることがあります。相手のビジネスとの密接な関わりもあって、データ分析官はデータコンサルタントと意味が近いです。

　一方で、AIエンジニアは、（大雑把に表現すると）PythonやSQLなどのプログラムを黙々と書くことを通して、AIの仕組みやデータ分析基盤を実現するためのシステムを実装したり、データを格納・抽出・管理するためのデータベースを構築したり、分析の環境（例えばクラウドなど）を整えたりしています。

　さて、データ分析官の仕事は、大まかに以下のタスク・フローになっています。

分析業務のはじめに行うこと

　クライアント（分析依頼者）にデータ分析を通じて知りたいことをヒアリングし、先方のビジネスモデルを踏まえて、必要なデータ、仮説、分析の方針について議論を重ねます。課題とその背景を理解し、分析業務の大まかな方向性を定めた後に、クライアントからデータを受領する、もしくは自らデータを収集します。

データの前処理

　ほとんどの場合、受領または収集した生データは、すぐに使える"分析ready"の状態にはありません。例えば、データ値の欠陥（歯抜けや分析に不適切な形）を含んだり、必要なデータがすべて揃っていなかったりする場合があります。分析を行う前に、データ加工を実行し、数々の問題を発見し解決する必要があります。

データの分析

　目的に最も適した手法でデータを分析します。統計分析、機械学習、BI

など様々な分析の手段があります。

　ここで一例として、BIツールを用いた可視化分析を行う業務を挙げます。各種データの特徴と傾向を最も効率よく表現できるチャートを作成します。複数のチャートを組み合わせ、多角的な情報を把握できるような「ダッシュボード」（様々な視点で作成したチャートを一枚の上で組み合わせた表現）を制作します。閲覧する人がマウス操作だけで、あらゆる角度からデータを俯瞰し、ビジネスに価値のある知見を抽出しやすいように、ダッシュボードの機能を設計しなければいけません。

結果報告・コンサルテーション

　分析から得られた結果を、ビジネスに有益な情報としてプレゼンし、クライアントが納得するように経緯と結果の解釈を説明する必要もあります。分析結果もクライアントと吟味し、必要に応じて施策への繋がり方やデータ利活用の次のステップも提案します。

　要望があった場合、先方が自ら分析を行えるように、実際の用いた研修・スキルトランスファーも提供します。

データ分析官がどんなに優秀でも、クライアント企業の課題やビジネスモデルは企業の中の方が当然一番よくわかっています。
分析官はまず、担当案件のビジネスの理解や課題の整理から始める必要があります。

1.4 統計学の種別と歴史

統計学には以下の2つの分野があります。

1. 記述統計学（Descriptive Statistics）
2. 推測統計学（Inferential Statistics）

この節では、記述統計学と推測統計学[2]の違いに着目しつつ、それぞれの分野の特徴を体系的に理解していきます。

まずそれぞれを一言で説明します。

> **⚙ 記述統計学で行うこと**
>
> 手元にあるデータの特徴や傾向をわかりやすく・直感的に説明するために、データを整理し、基礎統計量（平均や分散など）を算出し、表やグラフで可視化する。

> **⚙ 推測統計学で行うこと**
>
> データ全体（母集団）から一部（標本）を抜き出して、その標本の特性を調査することで母集団全体の特性を推測します。さらにその推測が正しいかどうかを検定します。確率の考え方を土台にしています。

記述統計学と推測統計学の違いを作り出しているのは以下の要素です（図 1.4.1）。

「全データを分析対象とするかどうか」

---

[2] 推測統計学は「推計統計学」と呼ぶこともあります。

それとも

「母集団から抽出した標本を分析対象にするかどうか」

図 1.4.1　記述統計学と推測統計学の違い

記述統計学は手元のデータを「全て」と解釈するので、標本に取れないものを扱うことが出来ません。推測統計学では、集められたデータは大きな母集団の中の小さな標本に過ぎないと考えます。

以下では記述統計学と推測統計学のそれぞれをより詳しくみていきましょう。

1.4.1　記述統計学

記述統計学の優れている点は、データの全体像や特徴を、統計量（数値）やグラフ（可視化）を通じてわかりやすく・直感的に表現できることです。

2つのキーワードは、「**基礎統計量**」と「**グラフ化**」です。

基礎統計量

基本統計量は、**データの特徴を数値で表現する指標**の総称です。例えば、よく聞く「平均」や「中央値」は各々異なる意味で「データの代表値」を表す基礎統計量です。

グラフ化

基礎統計量は、数値を通じてデータの特徴や傾向を把握するのに対して、集計表やグラフは視覚的に理解することにフォーカスしています。

折れ線グラフ、棒グラフ、散布図、ヒストグラム、円グラフ、クロス集計表など、様々な種類があり、目的に適したグラフを選んで作ることが重要です。3.3 節では可視化の作法を学びます。

図 1.4.2 は折れ線グラフを用いて、時系列データが時間とともに変動するパターンを可視化する例です。

図 1.4.2　時間（月）を横軸にとり、時間と共に変動する数量（収穫量）を縦軸にとった折れ線グラフの例

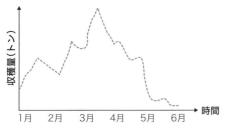

記述統計学の使用例

例

山田さん（30 代）がどの企業に転職するかを悩んでいます。一般的に転職者が重視する要素の 1 つは年収であるために、企業側では**社員の平均年収**を算出しその情報を転職サイト上などで公開する場合があります。

しかし、全社員の年収から計算した平均値は極端に高い年収または極端に低い年収の値に影響されている可能性があります。

代わりに、社員を年齢層ごとに整理し平均を計算すると、山田さんが転職のために本当に欲しい情報に近づいていくでしょう。図 1.2.3 のような度数分布表に整理する（階級が年齢層）こともできますし、図 1.4.3 のように年齢層ごとの社員の平均年収を棒グラフ（注：ヒストグラムに見えるが、縦軸が度数ではないので違います）にすると、ビジュアル的にだいぶ分かりやすくなりますね。これを見ると、この企業では、ある年齢の社員がどれくらいの年収になるのかをおおよそ知ることができます。

このように、バラバラの状態で存在していた社員の給料明細のデータをわかりやすい状態に変換するために、記述統計学を活用します。

図1.4.3 個別に存在していた社員の年収を年齢を横軸とした棒グラフで表現

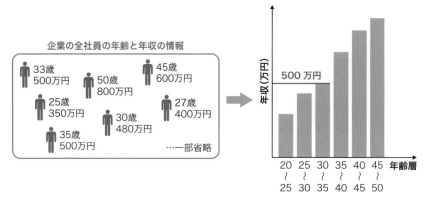

図1.4.3を参照すると、「30歳以上35歳未満の社員は平均500万円程度」であることがわかります（注：500万円前後が多数であるかは、平均値からはわかりません）。そして、「転職先の企業で勤め続けて40代になったら、年収が600万円程度まで上がる可能性がある」などといった情報も得られます。

このように、求めていた情報（場合によって予期せぬ目新しい情報）を一目瞭然でわからせることこそが記述統計学の優れているところです。

とはいえ、1.1節で強調したように、実世界のほとんどの**データには「ばらつき」が存在**します。上記の例を改めて振り返ると、「どの企業に転職したら今後年収が上がり続けるのか」という重要なことについて、本当に5歳幅の平均値だけで自信持って決断できるでしょうか？

上記の棒グラフでいうと、ビンの幅（階級の粒度）を細かくすることでよりばらつきを顕に確認することができるかもしれません。

図1.4.3の棒グラフで、30代と40代、もしくは異なる2つの企業の同じ30代の平均収入が重ね合わせ棒グラフで描かれると、また違う観点から情報を得られますね。

記述統計学が使われている例として、他に、以下が挙げられます。

- 国勢調査、人口調査の整理（平均や分散を出す）
- 食事量と体重の関係（相関係数を算出）
- 学年テストの偏差値（偏差値を計算）

 記述統計学の手法はデータ全体を使うので、曖昧性や複雑性がなく、研究や企画のプレゼン、商品の説明などに使いやすそうですね。

 記述統計学で大切にしている「集計と可視化」は、今ではコンピュータを使ってグラフ作りや平均値などの計算を瞬時的にできるので便利になりましたね。

図 1.4.4　Excel を用いてデータから基礎統計量を算出するイメージ

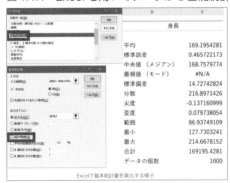

Excelで基本統計量を算出する様子

記述統計学の弱点

　記述統計学には、基礎統計量を算出しグラフすることで、手軽に、効率よくデータの特徴を表現できるような有難い手法があります。一方で記述統計特有の弱点もあります。

　記述統計学を適用するのに適していない分析があります。

例えば、あるデータ分析官が移住地（つまり転職先）の場所を検討するために、「全国のデータ分析官の年齢層ごとの平均年収を知りたい」とします。このケースでは、以下の2つをクリアしないといけません。

①全国民の中からデータ分析官という職業に就いている人を満遍なく絞り出す

②候補者に年収や年齢のアンケート調査を行い、漏れなく回答を回収する

これだけでも相当ハードルが高いことを想像できますが、実はもっと深い課題が待っています。アンケート回答を全部回収できたとしても、入力不備（未回答や趣旨外れの内容）が含まれる可能性があります。全国規模の調査なので当然データ量は膨大であり、このデータの不備の有無を確認しながら集計することは相当大変かつ非現実的です。

つまり、全国の全ての分析官に関する完全なデータが確実に得られない限り、（厳密にいうと）記述統計学を用いて「全国のデータ分析官の年齢層ごとの年収の平均値」を提供することは不可能です[3]。

まとめると、得られたデータを母集団として統計処理することが記述統計学の本質です。**記述統計学は基本的に「全数調査」であるため、完全なデータがないと難しい**といえます。この課題を克服できるのは、次に解説する推測統計学です。

1.4.2 推測統計学

記述統計学は「ものを数える」という概念が存在する昔から活躍してきた学問分野であるのに対して、推測統計学は1920年代に発生した比較的若い学問分野です。

---

[3] 実用上、集計対象として不適切なデータを除くなど例外をつくることもないわけではないが、ここではあくまでも厳密な場合の話をしています。

1.4.1 節で述べたように、記述統計学は全データの収集が不可能な場合、あるいは、調査データの量が大きすぎる場合に使いづらくなってしまいます。推測統計学はこの課題に対応すべく、集団の一部から集団全体の性質を調べるというアプローチをとります。統計学の用語では、集団全体を母集団と呼び、集団の一部を標本（サンプル）と呼びます。

「母集団から標本を抽出する」という概念について次の 1.5 節で詳しく勉強しましょう。

まとめると、推測統計学の目的は、

集団における「個々の要素」（標本）を調べることで、「集団全体」（母集団）の性質を数量的に、具体的に明らかにすること

なるほど、推測統計学は名前の通り、一部から全体を「推測」することが得意なのですね。

推測統計学は実に広い分野で、後ほど学ぶ「信頼区間」や「統計検定」や「確率」などは推測統計学の考え方の土台となる重要な概念です。

図 1.4.5 に、推測統計学における考え方の模式図があります。
大まかな流れは以下となります。

1. 標本を集める。このプロセスは「サンプリング」と呼ぶ。
2. 標本データの特徴を把握する。
3. 標本についてわかった情報から、「母集団はこういう分布をしているのであろう」と言う仮説（モデル）を立てる。
4. 上記の仮説が正しいかどうかを検証する。

図 1.4.5　推測統計学における、母集団と標本の関係性

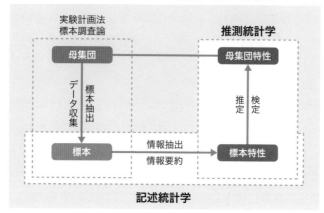

出典：『統計学とその応用』田栗 正明，放送大学教育振興会

　上記で「母集団の分布」という言い方をしましたが、これは「確率分布」のことです。確率分布については後ほどChapter 5で詳しく学ぶとして、ここではいったん、「データがある値をとる確率の分布」と思っていただいて結構です。例えば、最も有名な確率分布は、図 1.4.6 にあるような左右対称な「正規分布」（標準正規分布）であり、実世界の多くの現象は正規分布に従うと近似できます。

図 1.4.6　正規分布の中でも特によく使われる標準正規分布は、0 を中心とする左右対称な分布の形をとる

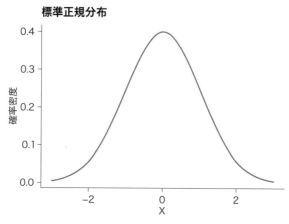

　ここでは「推計統計学を使えば、こんなことが出来るのだ」という程度の理解をしていただければと思います。括弧の中に書かれているのは関連する統計分析の手法です。

- 選挙速報、テレビ視聴率の予測（信頼区間の推定）
- 新規開発された医薬品の有効性の証明（t 分布を用いた 2 つのデータ群の差を検定）
- 製造業における故障件数の予測（ポアソン分布を用いた推測）

　次に、上で述べた選挙速報とテレビ視聴率の例を使って、「*推測統計学の正しさをどうやって知ることができる？*」について考えてみましょう。

　「選挙速報」は、すべての開票が完了する前に開票結果を予測するための「出口調査」の結果に基づいています。推測統計学の代表的な用途です。

　全国の各々の投票会場で、標本抽出が行なわれます。ここで、ある自治体で投票権所有者が 100 万人、投票率が 40％ と仮定すると、投票者の母集団のサイズは 40 万人となります。出口調査で 5 万人の有効回答数を集められたとすると、**5 万人の標本を使って 40 万人の母集団に関する推測を行う**ことになります[4]。

　上記で描写した標本調査の正しさが検証されるのは全開票後です。正式な開票結果は母集団の全数調査であり、したがって記述統計学が使われます。

　一方で、世の中で行われる標本調査の多くは、その得られた結果が本当に母集団の特性を忠実に代表できているのかを厳密に検証できません。

　推測統計学において、標本は母集団の部分集合であり、母集団について考える材料に過ぎません。母集団から標本を抽出して実施した調査の結果が信

---

[4]　実際、どの地域のどの投票場で何人に対して出口調査を実施するかは、新聞社などメディアの経験にもよります。

頼できるものかどうかを評価する目安として、標本誤差という指標が定義されています。

　標本誤差は、**標本の値と母集団の値の差を表す指標**です。サンプルサイズに依存しており、一般的に、標本誤差は抽出されたサンプルのサイズが大きいほど、あるいは母集団のデータのばらつきが小さいほど小さくなります。
　しかし、ほとんどの場合、母集団の真の値は知られていません。そうすると厳密に標本誤差を求めることは不可能です。代わりに、標本誤差のおおよその範囲を判断するために標準誤差を使います。標準誤差とは、**標本と母集団の間にどの程度の誤差があるかを確率的に計算した量**です。これも小さければ小さいほど標本の調査結果は母集団に近いと言えます。
　標準誤差の式は**式 1.4.1**となります。ここで、n はサンプルサイズ、σ は母集団の標準偏差です（3.1 節で学ぶ）[5]。

$$\sqrt{\sigma^2/n} \qquad 式 1.4.1$$

　もう1つ、テレビ視聴率も推測統計学の用途としてよく話題にあがります。
　関東地区・関西地区など地区ごとに調査対象世帯の数を決めて、特定の番組の視聴率を調査します。調査対象世帯が多ければ多いほど、データの回収、整理、計算が大変です。一方で世帯数少ないほど標本誤差が大きくなり、結果の信頼性が下がります。

　いかがでしたか。ここまでお読みになることで、記述統計学と推計統計学の違いはお分かりいただけたと思います。

　もっと大きな分類でいうと、推測統計学は「数理統計学」の一部分です。数理統計学は数学を用いてデータを解析するための分野であり、推測統計学はその代表と言ってもよいでしょう。

---

[5]　母集団の標準偏差もまた、知られていない場合は、標本の不偏標準偏差が使われます。

　数理統計学には、他に、**ベイズ統計学**（Bayesian Statistics）や**多変量解析**（Multivariate Analysis）もあります。

　ベイズ統計学では、得られたデータを最も適切に表現できる母集団の確率分布を求めます。身の回りでいうと、スパムメールフィルターなどに活用されています。

　多変量解析は、線形代数に現れる行列やベクトル、そして数学の別の分野である微積分を使って、複数の変量の関係やデータの構造を調べます。ビッグデータで変量（変数）が多いときに多変量解析を使うと便利になります。

1.5 母集団と標本

　母集団が大きすぎて全数調査が実質的に不可能である場合、母集団から抽出した標本を用いて母集団の性質を調べることができます。これが推測統計学の本質です。

　この節では改めて「一部から全体を知る」ことの意味を踏まえて、母集団と標本の関係性を整理したいと思います。

1.5.1 標本調査の必要性

　母集団とは、知りたい対象データ全体のことです。標本とは実際に手に入れることができるサンプルであり、母集団から抽出した一部です。

　母集団全体の調査が可能な場合、標本を抽出する必要がありません。例えば、選挙の結果は全投票者の開票結果で決定されます。

　しかし、多くの場合、統計学に基づいたデータ処理や分析は母集団ではなく、標本に対して適用されます。なぜなら、**確実にもれなく全該当者のデータを取得することが不可能に近い**からです。例えば、マーケティング分野で行われる市場調査の場合、以下のようなデータ取得は実質不可能です。

「ある地域のすべての住民に調査を行うこと」
「ある商品を購入した人を全て追跡してアンケートを取ること」
「全国のすべての30代女性の好みのブランドを調査すること」

　この場合、代わりに標本調査が行います。

1.5.2 | 無作為抽出

　分析の結果にバイアスをかけないために、母集団から**完全にランダムな手法で標本を抽出**することが重要です。これは無作為抽出（Random Sampling）と呼び、このように取り出された標本は**無作為標本（Random Sample）**と呼びます。無作為抽出を行うことによって、はじめて、母集団と標本が「確率」を介して結びつけられます。

　無作為抽出は、非復元抽出と復元抽出に分類することができます。

- 非復元抽出：同時に必要な数のデータだけを集団から取り出す
- 復元抽出：集団から取り出しては戻し、また取り出す、を繰り返す

　母集団から完全に無作為に標本を取り出す「単純無作為抽出法」は最も基本的な標本調査の手法ですが、手間がかかりすぎることもあります。代わりに一工夫入れた無作為抽出法（層化サンプリングなど）も使われています。これらは母集団の特徴を反映しつつ、より効率的かつデータの偏りを防止する効果もあるような手法です。

母集団とサンプルの関係

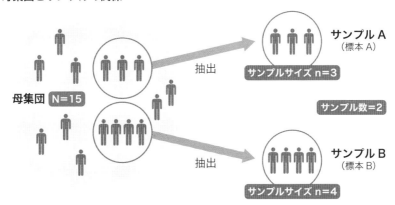

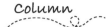

マーケティングの市場調査に見られる
ビッグデータ時代の影響

　本コラムでは、マーケティング分野における「市場調査」をテーマに話していきます。ある地域の全ての住民に調査を行うことや、ある商品を購入した人を全て追跡することは不可能ですので、代わりに標本調査を行います。

　マーケティングの興味の的は、潜在的なユーザーの属性、嗜好、ニーズ、希望する新商品、よく買い物する場所や時間帯などの情報です。

　ひと昔の「マス・マーケティング」/「マス広告」の時代では、よい商品を安く大量に生産し、CMで活発に宣伝すればするほど売上が上がりました。しかし、ユーザーのニーズが多様化している現在、この手段は効果を失いつつあります。近年は「One To One マーケティング」が重要性を増しています。

　一方で、調査の結果をもとに、商品開発を行ったり、プロモーション戦略を立案したりするため、市場調査の落とし穴に十分に警戒する必要があります。例えば、1000人の標本に対する調査を行うことで市場全体（母集団）の特性を把握しようとします。しかし、抽出したサンプル以外の人たちの特性を知ることができないので、他に重要な属性や好みを持つ潜在的ユーザーがいる可能性を排除できません。

　標本調査の結果が極力、母集団全体の特徴を忠実に表せるように工夫を施さないといけません。偏りなく市場全体を把握できるように、市場を性別、年齢層、地域、職業などのセグメントに分割し、各ターゲット群の中から標本調査を行います。

●ユーザーの行動パターンに沿った調査法

　さらに、インターネットの普及により人々の購買行動が変遷してきているため、それに従ってマーケティング戦略も変わらなければいけません。

　従来は、ユーザーの嗜好を知るために、性別、年代、居住地、所得などの比較的変化の少ない「ハードな属性」を主に参考としてきました。現代

社会ではこれらの情報だけではユーザーの嗜好を十分にとらえることはできなくなりました。

　「一人ひとりが次に何を購入するか」を予測するために参照する最も信頼できるデータは、該当する人の過去の**行動履歴**です。ビッグデータ時代以降、**ウェブサイトの閲覧履歴**、**購買履歴**、**来店記録**が取得可能の場合があります。これらのデータは、**ユーザーの嗜好を直接的に表現**しています。

　行動履歴の利用は広告業界をも変えました。ひと時代前は、誰にでも同じ広告コンテンツを表示していたのに対して、現在は「行動ターゲティング広告」や「レコメンドバナー広告」が普及しています。広告の配信媒体も、看板やテレビだけではなく、ウェブ広告やSNS広告と多様化しています。これらはすべて、One To One マーケティング時代において個別のユーザーの行動履歴を分析することで実現された技術です。

1.6 統計学を用いた データ分析の基本

　手元に一定量のデータさえあれば、ひたすら数式に従って処理と計算をすれば何らかの数字を叩き出せるでしょう。しかも、今では様々な統計分析ソフト、AutoML（自動機械学習ツール）、BIツールが開発されており、誰でも手軽に数字を出せる時代となりました。ところが、得られた分析結果の数値をそのまま鵜呑みにしてしまうことは、重大なミスに気づかない可能性を高める危険なものです。

　分析のプロセスはときに多くの試行錯誤を伴う長いものです。この節では、無駄を防ぎ、有意義な分析結果を生み出せるために、分析初心者向けにいくつかの留意すべき点を伝えます。

1.6.1 統計を集める前に考えておきたいこと

　「統計を集める」や「統計をとる」という表現をよく聞きますが、これは簡単にいうと、「知りたいことのためにデータを集める」ことです。

　分析に実際に使える統計をとれるように、以下をまず考えましょう。

> **🔗 統計をとる前から考えましょう**
>
> - 何のために調べるのか（調査目的）
> - どうやって調べるのか（調査方法）
> - 何をどのようなこと調べるのか（調査対象・調査項目）
> - いつからいつまで調べるのか（調査期間）

統計をとる前に、「何を知りたいのか」という具体的な疑問を持つことが

重要です。

　次に、その疑問について自分の中で予想を持つことです。これは「仮説」と呼びます。**仮説を設定**することは統計学的分析手法の特徴の1つです。この**仮説が正しいかどうかを証明**するために調査を行い、この調査に必要なデータ（統計）を集めます。これこそが「統計をとる」ことの意義です。

　もちろん、統計を集めるだけでは意味がなく、集めた統計を正しく活かしてはじめて価値が生まれます。最初に感じた疑問点に対する自分の考えや予想（仮説）が正しいかどうかを調べるために、統計分析（仮説検定など）、あるいは機械学習やBIなど他の手段で分析や可視化を行うことで、ビジネス戦略や意思決定などに役立てることができます。

　分析した結果、概ね仮説通りの結果が出る場合と、予想外の結果が出る場合があります。前者の場合、それに基づいて施策を立てるなどアクションを起こす準備ができます。後者の場合、そもそもの仮説が間違っていた可能性がある一方で、分析のプロセスのどこかに見落としがあったのか、詳細を把握し評価することが求められます。データの取得方法や処理方法が間違っていたのかもしれないし、分析手法が間違っていたのかもしれません。このように、方向転換を余儀なくされることもあるでしょう。

　上記で述べた各ステップを1度だけ行うのではなく、データの収集から分析に至るプロセスの中で、あるいは、データ分析の結果から新たな疑問や課題が生じて、それらをまた解決し続けるサイクルが生じます。

　これはどういうことなのか、以下のような具体例でみましょう。

疑問が生じる→調査の目的

　雑誌Aの主要購読者層は30代女性である。「雑誌Aの30代女性の購読者は、購読していない30代女性に比べて化粧品に多くの金額を費やしている」と聞いた。これが本当どうかを調べたい。

雑誌 A を「購読している」と「購読していない」30 代女性の各々のグループについて、直近 6 ヶ月間で化粧品に使った平均月額を調べ、データを 500 件ずつ集める (化粧品会社や調査会社の協力が得られると仮定する)。

調査対象：
- グループ 1：「雑誌 A の 30 代女性の購読者 500 名」
- グループ 2：「雑誌 A を購読していない 30 代女性 500 名」

調査項目：
- 化粧品の購入額
- 雑誌 A 購入の有無

調査期間：直近 6 ヶ月

仮に、直近 6 ヶ月間にわたる平均月額は、グループ 1 が月額 12000 円、グループ 2 が月額 9500 円になったとします。

確かにこの数値を見ると、「雑誌 A を購読中の 30 代女性の方が化粧品により多くのお金をかけている」という傾向が見えています。

しかし…

分析結果を飲み込む前に常に疑ってみる習慣を持つとよいのです。

例えば、以下に、考えられる疑問とアクション (比較実験) を挙げておきます。

「たまたま、という可能性がないのか？」

→改めて最初からサンプルを抽出し直して、同じ調査を行う

「地域差による違いがないのか？」

→グループ間で地域関連のバイアスがないかを調べる

違う地域に限定して同じ調査を行う

「化粧品には季節トレンドがあるのでは？」
→ より長期間にわたって調査を行う
　別の期間や季節のデータを追加で分析する

「雑誌Aでは化粧品のキャンペーンをやっているのか？」
→ （化粧品に限らず）キャンペーンの有無を調査し、その影響を売上履歴
　等から検証する

1.6.2 分析の初心者に伝えるデータ分析業務の注意点

まず主張したいのは

データ分析は闇雲に行ってはいけません！

データ分析を業務に導入する際に陥りやすい失敗の1つは、「なぜデータ分析を行うのか？」が曖昧すぎるゆえに現場が混乱し、業務が煩雑になってしまうことです。
　正しく分析を行うために、分析担当者はまず「目的」と「目標」を明確化すべきです。

- 目的：「何を知りたくて分析をするのか」
- 目標：「どこまで知りたいのか」

これらが曖昧なまま分析を無闇に進めると、途中で分析の方向性がずれ、工数を無駄にし、得られた結果が全く意味をなさなくなり、いいことが1つもありません。
　もう1つよくある失敗例は、分析手法に固執しすぎることです。視野が狭くなり、ビジネスに有益な知見を見落としがちになります。分析の作業そのものにハマりすぎず、データ分析は、経営判断や施策立案の1つの手段に過ぎないことを思い出してください。

有益な結果が得られるように、分析を担当する者は以下のことを意識しましょう。

- 分析の目的・目標・背景を理解する
- データが生成・収集された背景を理解する
- データ前処理とデータ分析の試行錯誤をし、相応しい手法を見つける
- データに潜む落とし穴（例えば、外れ値、異常値、バイアス）に注意し、それらに適切に対応する（Chapter 2 では、不適切なデータの見分け方について学ぶ）。
- 分析結果に対する判断力を持ち、受け入れる前に分析結果をまず疑ってみる

注意しないといけないことにキリがないので、プロのデータサイエンティストでさえ、上記の全てを常に完璧にできる人は殆どいないでしょう。あくまでもデータ分析の基本姿勢です。

1.7 統計分析と機械学習はどう違う？

　統計学はデータサイエンスやデータ分析の根本にある学問分野です。勘や経験、ましてや一時のひらめきではなく、**客観的なデータに基づく科学的な分析によって意思決定をすべき**という認識をもたらしてくれた学問です。

　先述の通り、データが社会の中で大量に発生し、それを有効活用するための研究開発が大きく進展したのはここ20年ほどです（本書籍は2022年12月初刊行）。一方で、何十年も前から統計学は学問分野の1つとして根付いています。ビッグデータ時代の到来によって、統計学に熱い視線が注がれるようになってきました。

　データ分析は長年、統計学を駆使して行われてきました。それによって、自然科学や社会科学の研究、およびビジネスの世界ではマーケティング戦略の立案や新商品・新サービスの開発などにおいて成果を見せてくれました。

　今日、機械学習やBIツールなど統計分析以外のデータ分析手法がいくつも普及しています（1.2.2節 P.23）。他の分析手法を用いて出力した分析結果を解釈し評価する際にも統計学が役に立ちます。

　ちなみに、ここで「統計分析」は「統計学に基づいて考案された手法を用いた分析」を指しています。「統計分析」は「統計解析」と呼ばれることもあります。

　ビッグデータの分析に関して、「機械学習」がよく取り上げられます。著者も日頃、機械学習をデータ分析や教育の目的で用いています。統計分析と**機械学習は両方ともデータを使用して分析や予測を行うところが共通**です。

　では、**統計分析と機械学習の本質的な違いはどこにあるのでしょうか？**

機械学習と統計学の基本姿勢や目指すところが違うので、どちらが難しいなどの議論をしてもあまり意味がありません。

機械学習の手法や理論が、統計学に基づいた従来の分析手法の延長上に発展してきたのは事実です。しかし、**機械学習と統計分析手法の本質的な違いはその「戦略」と「目的」にあります**。

> **覚えましょう！**
>
> - 機械学習の手法は予測精度を重視
> - 統計分析の手法はモデルの解釈を重視

1.7.1 統計分析と機械学習のアプローチの違い

以下で統計学と機械学習の類似点と相違点、それぞれの得意・不得意を、複数の軸から見ていきましょう。

統計分析の目的

統計分析では一般的に、データの性質、特徴、傾向を明らかにすることを目指します。1.4 節で述べた「記述統計学」の活用例としては、「社員の年収の平均とばらつきの算出」や「全国学力統一試験の結果からの偏差値の算出」などが挙げられます。「推測統計学」では、母集団全体から有限サイズの標本データを抽出し、それを分析することで母集団全体の特徴を明らかにすることです。

機械学習の目的

機械学習とは人工知能（AI）の 1 つの分野として発展してきました。

機械学習では、データに潜む特徴を見つけ、それらを軸にして機械学習の

モデルを学習させます。データから**汎用的な法則やパターンを自動的に見出**すことを目標に学習が行われます。学習が完了した機械学習モデルを**学習済みモデル**と呼びます。

　学習済みモデルを使って、新たに取ってきたデータに対して予測を行います。理想は、**答えが未知のデータに対して、学習済みモデルが十分に高い精度で予測できる**ことです。自動化を重視し、人間が学習のプロセスに直接関わらなくても、それなりに精度の高い予測ができるのが機械学習の特徴です。

　機械学習には目的別に多数な手法があり、よく使われるものとして、売上分析に用いる決定木、画像・音声・言語の解析に用いるニューラルネットワークなどが挙げられます。

1.7.2　大切にすることの違い ～解釈性 vs 精度～

　統計分析と機械学習は大切にしていることに違いがあります。それについて以下で見ていきましょう。

統計分析は解釈性を大切にする

　統計学で大切にすることは、可視化や統計量の計算を通じて、データの性質、構造、傾向を解釈しやすくすることです。そのため、**統計分析のモデルは比較的シンプルでわかりやすいものが多い**のです。少なくとも機械学習のアルゴリズムほど複雑ではありません。例えば、後ほど実践する、線形回帰や変数間の相関関係の調査は、直感的に理解しやすい分析と思われます。

　また、統計学の理論に基づいて行われるため、分析のプロセスと結果を、しっかりと**科学的根拠をもって説明**できます。そして、統計学では「こういう関係性だと辻褄が合うのではないか」という仮説をあらかじめ立て、そこにデータをあてはめ、仮説の妥当性を検証します。

　機械学習手法はとにかく**高い予測精度**を出せることが最大の目標です。これを達成するために、統計分析よりも複雑で難解なアルゴリズムを用います。また、**予測精度に比べて、モデルの整合性の重要性が相対的に低いことがあります。**そういう意味で、様々なデータやモデルを自由に組み合わせての使用も許されます。言い換えると、**解釈しやすさや透明性を犠牲にしてでも、精度を少しでも上げていきたい**というのが機械学習の姿勢です。

　ただし、勘違いして欲しくないのは、機械学習ではどんなデータでもモデルに突っ込めば高い精度を出せる、というわけではないことです！ 現実は、精度を実現するためには、アルゴリズムに適した形にデータを加工したり、モデルのチューニングを行うなどの関門を通過しなければいけません。これらには専門的なスキルが必要です。

　以上をまとめてみましょう。

統計学と機械学習の目的の共通要素

データから特徴を見つけ出す。

目的の違うところ

統計学では、モデルの解釈や仮定の検証に注力する。

機械学習では、学習済みモデルの新しいデータに対する予測精度を重視する。

1.7.3　必要とするデータ量の違い

　次に統計分析と機械学習に関して求められるデータ量の違いについて見ていきます。

統計分析はデータ量がやや少なくても使える

統計分析でも機械学習でも「データは多ければ多いほど良い」というのは事実です。一方で、統計学の手法は、比較的少ないデータに対しても適用できる手法が多いです。これは、統計モデルの構造がシンプルであることとも関係しています。

コンピューターが存在しなかった昔の時代から、既に統計分析が使用されていました。当時はそもそも手動で収集・計算できるような有限のサンプルしか扱いませんでした。手計算で扱えるデータ量には限界があります。一方で、数百件のデータが手元にあり、かつデータの分布に関する仮定を満たせば、統計学に基づいた推論を行うことが可能です。

機械学習は大量なデータを扱うのが得意

前述の通り、機械学習では大量なデータを用いて汎用的な法則を学習し、高精度な学習済みモデルを目指しています。比較的大きなデータを扱うからこそ、機械学習はビッグデータの時代とともに勢力が増してきました。

実際にどれほどデータ量が必要かは、使用するアルゴリズムによって異なります。比較的シンプルな決定木モデルは数百件のデータでもモデルを構築できるケースがあります。一方で、画像認識や自然言語処理が得意なニューラルネットワーク（ディープラーニング）は、その複雑なモデル構造ゆえに、ゼロから訓練するためには一般的に数百万件から数億件のデータが必要です。

予測精度は決してデータの「量」だけで決まるわけではありません。一般的に「データが多い方が、精度が上がりやすい」ですが、多ければ多いほど必ず良いとは限りません。データが大量にあっても、欠陥やバイアスが混じっていると精度が悪化します。

統計分析と機械学習の使い分け方

 結局、統計分析と機械学習を条件と目的次第で使い分けることが重要と考えられています。

統計分析を選ぶ場面

　統計分析のプロセスと結果は機械学習に比べて**解釈しやすい傾向**にあります。したがって、「わかりやすさ」の観点からいうと、上長や同僚に共有したり、クライアントにわかりやすく提案する場合、統計学的なアプローチが有利といえます。特に、「人間が解釈できる」という要請があるビジネスの場面では、最先端の機械学習の手法よりも、**昔から使われてきた実績のある統計分析**が採用されることが多いのです。

機械学習を選ぶ場面

　機械学習の手法を用いる場合、短時間で人間が手に負えない大量のデータを処理し、データ量を十分に準備できれば、人間が気づけないような新しい発見を導き出すことができます。したがって、機械学習の分析手法は、**予測精度と自動化と高速化が重視**される場面で選ばれます。例えば、EC サイトのレコメンドや広告最適化などの人間の安全や健康に対するリスクが低い分野は、ロジックが多少複雑で難解であっても、高精度さえ示されていれば使って問題がないと判断されます。

1.8 重要な概念のおさらい

　Chapter1 で学んだ概念は、今後の内容を理解していく上で大切な基礎になるので、学習を初めたばかりの皆さんは重要な概念をしっかりおさらいしておきましょう。

表 1.8.1　Chapter1 重要な概念

重要概念	説明
母集団	知りたい対象データ全体のこと。 例) アンケート対象となる企業などの組織
標本	母集団からランダムに抽出した一部のデータ。母集団が大きすぎて全数調査が難しい場合、標本を調べて母集団の特徴を推定する（＝推測統計学）。
統計学の目的	統計学は以下を目的とする。 • データの性質を客観的に表現する • データから有益な情報を抽出する • 標本から元の母集団の特徴を推定する • 2 つの現象の関係性を調べる
データ分析	データを収集、取捨選択、分類、整理、観察、計算など、操作を加えることで、価値のある情報を発見すること。
記述統計学	データ全体を分析対象とし、データの特徴や傾向をわかりやすく説明するために、基礎統計量を算出し、表やグラフなどで可視化する統計学の一分野。
推測統計学	母集団から標本を抜き出し、その特性を調査することで「集団全体」（母集団）の性質を数量的に明らかにする統計学の一分野。
無作為抽出	分析の結果にバイアスをかけないために、母集団から完全にランダムな手法で標本を抽出すること。

日常の中でもデータを意識してみよう

ここまで、統計学の最も基本的な概念を幅広く説明しました。活用できるデータが溢れる今の時代、分析の手法を正しく選択できることを目指していただきたいです。

日常によくある事例をたくさん持ち出していただいたので、直感的にわかりやすかったです！　データって日常のあらゆる事に関わっているんですね。これからは普段の生活でも意識してみます。

是非そうしてみてください。いろいろな発見があると思います。

　本書で学習中の皆さんも今後業務や生活の中で出会うデータについて、どのように解釈または活用できるのかを積極的に考えてみてください。ここからの学習は大変かもしれませんが、努力を通じて定着させた知識は日ごろの業務にきっと活かされます。

Chapter 2

データの正しい読み取り方の基本

　近年、数多くの種類や量のデータを活用できるようになってきました。アンケートなど直接集めるデータだけでなく、ウェブアクセスのログ、SNS データ、位置情報などがデジタル技術によって自動的に集められるようになりました。データの活用が専門家に限定されず、今では多くの方にとって身近なものになっています。そのため、データを有効活用することで、意思決定や課題解決、新サービスの開発などに活かしたいと考えている方は多いでしょう。

　そこで、私たちは、どのようにしてデータと向き合い、理解を深めていけば良いのかを立ち止まって考える必要があります。

　有意義なデータ分析ができるためには、各種データのクセを見抜いて、その特性や正しい使い方を知ることが重要です。

　この章では、データの特性を正しく判断する方法、データ取得の方法、データにおける問題点（欠損値、外れ値、バイアスなど）の見つけ方と解決法について解説します。

2.1 統計学で扱うデータの種類

　データには様々な種類があります。データの種類を正しく理解することは分析手法を選ぶ上で重要です。この節では、分析対象であるデータの特性について、いくつかの観点から整理します。

2.1.1 連続データと離散データ

　データには、速度のような小数点を含んだ細かい数値もあれば、年齢のような飛び飛びの数値もあります。**表 2.1.1** をご覧ください。連続データと離散データ、この2種類を見分けられるようになりましょう。

表 2.1.1　連続データと離散データの定義と代表例

	定義	イメージ	代表例
連続データ	連続的な数値で表される	装置に流れる電流値（単位は任意）100.5, 98.2, 104.0,…	血圧などの測定値、成長率、距離、時間
離散データ	飛び飛びな数値で表される	参加人数235, 350, 93, 125,…	サイコロの目、年齢、試験の得点、学年

2.1.2 量的データと質的データ

　量的データとは数値の意味を持ち、足し算、引き算、率の計算などを行う対象としてふさわしいデータです。

これを必ず覚えておきましょう。

**見た目上数字の形で書かれているデータは、必ずしも、数値の意味を持っ
ているとは限りません。**

例えば、以下のようなケースです。

- 会員ランクのデータ |1, 2, 3| (例えば、1 が「ゴールドクラス」)
- 問診データ「よく眠れていますか? 1：ほぼ常に眠れている 2：眠れな
  い時がある 3：眠れないことがよくある」

量的データに対して、上記で挙げたようなデータを質的データと呼びま
す。**カテゴリカルデータ**と呼ばれることもあります。要するに、カテゴリを
区別するために用いられる数値データのことです。「男と女」のように文字
列で表すことも、「1 と 0」(1 が男、0 が女)のように数値で表すことも可能
です。

気をつけなければいけないのは、カテゴリを数値で表せても、量的データ
の数値とは性質が根本的に異なることです。量的データは数値の大きさには
意味があります。例えば「今月の売上金額 5000 万円は先月の売上金額 2500
万円の 2 倍である」のような表現ができます。これに対して、**見た目は同じ
数値でも、カテゴリカルデータは量的な意味を持たない**ダミー数値(ダミー
変数)であり、「等しいか、等しくないか」の意味しか持てません。

例えば、病気の陽性・陰性(1：陽性、0：陰性)は数値形式で表さ
れたカテゴリカルデータです。この場合、「陽性は陰性より 1 大き
い」という表現は全くナンセンスですよね。

もう 1 つ要注意な点は、**全ての離散データが質的データではない**ことで
す。例えば、テストの得点に関しては、「次回のテストは今回のテストより
5 点アップを目指す」のように、「差の計算」をすることは意味を成します。

尺度水準

　量的／質的データと深く関係し、もう一段深くデータの意味を意識するための軸として、尺度水準があります。データに統計処理を正しく施すために、データの尺度水準を意識しなければいけません。**名義尺度、順序尺度、間隔尺度、比例尺度**の4種類があり、**表 2.2.1** にまとめられています。質的データは { 名義尺度、順序尺度 } のどちらか、量的データは { 間隔尺度、比例尺度 } のどちらかです。

表 2.2.1　量的データである { 名義尺度、順序尺度 } と質的データである { 間隔尺度、比例尺度 } の定義と例

	種類	特徴	例
質的データ	名義尺度	カテゴリの区別のみ、順序に意味がない	名称、ID、性別
	順序尺度	順序を表す（順序の間隔に意味はない）	ランキング
量的データ	間隔尺度	等間隔な目盛り	気温、年齢、時間
	比例尺度	間隔や比率に意味があり、全ての演算の対象となる原点がある	収入、重さ、長さ

数値が定性的なのか定量的なのか、パッと判断しづらい時もありますね。

判断に困ったときは「四則演算して意味があるのか」を考えてみてください！

2.1.4 | 構造化データと非構造化データ

データ分析の対象となるデータは、構造化データと非構造化データに分けることができます。

構造化データとは、明確に「列」と「行」の構造と概念を持っている表型（「表」で表現される）データです。構造化データは扱いやすく、データ分析によく使われます。以下がいくつかの代表例です。

- CSV、TSV データ
- Excel データ
- SQL 型データベースから取得してきたデータ

「A 行 B 列」を指定することで 1 つのデータ要素を確実に指定することが可能です。また、列構造を通じて「どこに何があるか」が決まっているため、集計、演算、比較など様々な操作がしやすいのが特徴です。

非構造化データの構造は統一的な「列」と「行」で整理されていません。例えば、フリーテキストのデータは決まった枠に収められていません。以下がいくつかの代表例です。

- 画像データ
- 音声データ
- テキストデータ
- XML データ

コンピュータで非構造化データを取得しようとする際に、データの構造によっては、規則性がないため、完全に取得することが難しいものもあります。ただし HTML などは「規則性のある非構造化データ」であり、情報を登録する方法が決まっており、原理的には必ず全要素が取得可能です。

近年はインターネットの普及により文章、音声、画像が大量に発信されて
おり、扱いが比較的困難な非構造化データであっても収集し、利用する技術
がますます重宝されてきています。

2.2　オープンデータとは

　オープンデータとは一言でいうと、広く社会のために利用してもらうことを目的に、**企業や研究機関が公開している、無償で利用可能なデータセット**です。自治体の公共データを公開するサイト[1]によると、オープンデータとは以下のように定義されています。

- 機械判読に適したデータ形式で、二次利用が可能な利用ルールで公開されたデータ
- 人手を多くかけずにデータの二次利用（加工）を可能とするもの

　データ分析などのために、自ら必要なデータを一から集めるにはコストがかかります。これに対して、オープンデータは一定のルールの範囲内で、誰でも自由に入手・複製・活用することなどができます。一般的に、商用利用が可能です。したがって、目的に合ったオープンデータセットが見つかり、かつ、それを利用するためのデータリテラシーとデータハンドリング技術を持っていれば、データ収集の労力が大幅に削減されます。

　当然、公的機関によってオープンデータを用意し公開するためには工数がかかります。オープンデータ政策の狙いとしては、様々なデータを民間企業や一般市民が自由に有効活用できることで、経済の活性化や社会の安全性、生活の利便性などに貢献することです。他に、行政の透明性や信頼性の向上、官民協働の強化、新ビジネスの創出なども背景にある目的といえます。

---

[1]　参考：https://www.open-governmentdata.org/about/

以下は公的機関が提供するオープンデータの代表的な例です。

- 気象データ
- 経済統計データ
- 人口動態データ
- 研究者が公開するデータ
- 公共施設の所在地（地図・地形データ）

（参考ウェブサイト）

政府の公共データベース：https://www.data.go.jp/

様々な分野（農業、経済、基礎科学など）におけるオープンデータセット：

https://github.com/awesomedata/awesome-public-datasets

2.3 データの収集法と利用条件

　以下では代表的なデータやその取得法を挙げていきます。データを収集するためのコストをかける前に、データの利用条件をあらかじめ把握しておきましょう。せっかく収集したデータでも、著作権、個人情報、不正競争、営業秘密などの関連で利用が制限されている場合や商用利用が許されていない場合があります。さらに、取得そのものが禁止されているデータもあります。例えば、民族、宗教、病歴などのセンシティブな属性を含む「要配慮個人情報」の取得と活用および第三者共有に関しては、厳しい規制が課せられています。

- **自社に蓄えられたデータ**
  受注・発注・在庫データ、顧客管理データ、営業活動データ、人事データ、メール・電話・チャットのログなど

- **調査・データ販売の企業から購入**
  アンケートデータ、小売店販売データ、ポイントカード利用履歴など

- **IoT データ (センサーを用いて計測したデータ)**
  カメラ画像、位置情報、機器稼働ログ、気温・湿度などの環境データなど

- **ウェブ API を利用して収集したデータ**
  Google、楽天、ぐるなび、など様々な企業やサービスが提供しているデータの取得に利用できる API による収集データ

- **ウェブからクローリング、スクレイピングしたデータ**
  一部の SNS や EC サイトのクローリングとスクレイピングを用いて規則的に取得したデータ (ただし、スクレイピングに対する制限を課しているサイトがあるので、事前に規則と取得可能な範囲をご確認ください)

2.4 データを数値化するための手法

機械学習を用いた分析とは異なり、統計学を用いた分析に関しては、文字列データを数値に変換しなくてもいい場合があります。例えば、日付ごと、店舗ごと、商品ごとの売り上げ個数のデータがあり、データのヘッダーは｛日付, 店舗名, 商品名, 販売個数｝とします。このうち「店舗名」と「商品名」は文字列ですが、そのままの形でも、「ひと月の中の販売個数が最大である商品または店舗」を統計分析で調査することができます。

一方で、**回帰分析のような解析的な手法では、文字列をダミー数値に変換しないと回帰式を当てはめることができません。**

以下では、データを数値化するうえでよく使われる手法を紹介します。

2.4.1 One-hot エンコーディング

One-hot エンコーディングでは、カテゴリごとに列を作り、各行について、1つの列項目だけを1、それ以外を0にします。図 2.4.1 のように、「天気」列にある4つのカテゴリの各々につき FLG（フラグ）列を1つ立てます。この方法では、新しい列がどんどん横展開されていくので、**「スパース」**[2]な行列になりやすいです。0ばかりなのでメモリの消費は大きくありませんが、**列が増えすぎると特徴量として扱いにくい場合もあります。**

---

[2] スパース＝疎、あるいは、0や空欄が多いという意味

図 2.4.1　One-hot エンコーディングはスパースになりやすい

One-hot エンコーディング手法

天気
晴
雨
雨
曇
雪

晴_FLG	曇_FLG	雨_FLG	雪_FLG
1	0	0	0
0	0	1	0
0	0	1	0
0	1	0	0
0	0	0	1

「天気」列の各カテゴリにつき、FLG（フラグ）列を1つ立て、
対応するインデックスのみ1、他は0にする

2.4.2　ラベルエンコーディング

　ラベルエンコーディングとは、1つのカテゴリが1つの数値に対応するように、数字に置き換える処理です。これは「マッピング」とも言います。図 2.4.2 のように、「天気」列にある4種類のデータのそれぞれに対応する1つのダミー数値を決めて置き換えています。One-hot エンコーディングと違って、余分に列が増えません。

図 2.4.2　ラベルエンコーディングは列数が増えない

ラベルエンコーディング手法

天気
春
秋
秋
夏
冬

天気
1
3
3
2
4

「天気」列の各カテゴリに1つの一意な値を割り当てる

2.5 データの欠損を確認

　欠損値（Missing Values）とは、**データの一部が空白（歯抜け）**になっている状態を指します。欠損値の多いデータを分析に使っても有意義な結果を期待できません。したがって、欠損値を放っておかずに適切な方法で処理すべきです[3]。どのような処理が適切なのかは、データの性質や欠損値の割合など、状況に応じて判断すべきです。以下では、データに欠損値があった場合にどのように対処できるかについて解説します。

　欠損値を補填する代表的な手法として、以下のようなものが挙げられます。

1. 欠損値のあるデータを削除
2. 欠損値に代替値を代入（平均値などの統計量を使用）
3. 欠損値を含むデータと他の属性の似ているデータの値を代入
4. 重回帰を用いて補填値を推定して代入（回帰補完）

　上記からわかるように、**基本的には欠損値のあるデータを捨てるか、代替値で補填する**かです。1つの列の欠損値の割合があまりにも大きい場合は、その列を変数として使わず、削除することを検討します。また、データ全体にわたって欠損している列が多く、残っている非欠損の列だけでは分析や将来予測の材料として不十分の場合、そのデータセットをそもそも使えないと判断することもあり得ます。

 欠損している個所に偏りがある時に、欠損値を削除してしまうと、データ全体の傾向を変えてしまうリスクがあることに要注意です。

---

[3] 一部の統計ソフトや統計手法に関しては、欠損値を放置しても分析機能を使用できたり、自動的に欠損値を除いてくれたりするものがあります。ただしそれでもやはり欠損のないデータに比べて分析の精度が下がります。

　他方で、欠損値の割合が少なく、かつそれらを現実的な方法で埋める見込みがある場合は、欠損値の補填に注力します。前ページの 4 で述べた回帰補完に関して、これは欠損列と非欠損列の間に**相関が強い場合に、重回帰を用いて補填値を推定して欠損値を埋める**方法です。この場合は、非欠損部分のデータを利用して**補充値を推測する回帰モデル**を作ります。回帰モデルは Chapter 4（P.145）で取り上げます。

明らかな歯抜けは「明示的な欠損値」です。一方で、「変な値」が入っている場合は「暗示的な欠損値」といい、その発見は難しいです。

2.6 外れ値と異常値

観測値やデータを手に入れた際に、外れ値と異常値が存在するかどうかにも要注意です。外れ値と異常値はどちらも英語では"outlier"と呼ばれ、両者の使い分けが曖昧になることがあります。

外れ値とは、他のデータから見て、**極端に大きな値、または極端に小さな値**のことです。図2.6.1のようにデータの分布を可視化するとわかりやすいです[4]。

外れ値と区別して取り上げるとき、異常値を「**外れ値の中でも、原因が分かっているもの**」と定義します。ここで「原因」とは、測定ミスや記入ミスなどを指します。例えば、部屋の騒音レベルを調べようとしたところ、上の階で突然掃除機をかけ始めたためそこだけ測定値が大きくなってしまったような場合です。

図 2.6.1　外れ値のイメージ

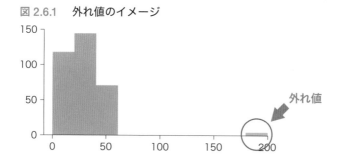

上記の図は、他のデータから見て極端に大きな値のイメージです。もちろん、はっきりと入力ミスと分かっている場合は、異常値である確信があるの

---

[4] 測定値を扱う場合、学問的な言葉では「真の値の推定値からの残差が異常に大きい観測値のこと」のような定義になります。

で削除しても問題ないでしょう。しかし、値が他と比べて**極端に小さかった
り、あるいは、大きかったりするからといって必ずしも異常値であるとは言
い切れないことに注意してください**。分析にとって意味のある極端な値であ
る可能性もあります。したがって、異常値と疑わしい値をすぐに削除せず
に、そのような値が発生した背景や原因を考察する必要があります。

　平均値の計算結果はデータに含まれる外れ値や異常値に影響されやすいの
で、トリム平均を計算することがあります。トリム平均とは、両端にある外
れ値（例えば、最低点と最高点）を取り除いた上で残りのデータで計算した
平均値です。しかし、どんな場合でもトリム平均値を使うべきとは限りませ
ん。外れ値は新しい発見につながる価値のある事象である可能性もあるから
です。
　食品会社が離乳食の新商品を開発し、アレルギー試験を行ったとします。
アレルギー反応は全測定値における外れ値に該当します。この外れ値を除外
したデータで結果を集計したら、見かけ上完全に安全な離乳食になってしま
います。しかし明らかにこれは危険な行為ですね。外れ値に関してはその原
因をよく調査・分析する必要があります。

　ちなみに、極端に大きな値または小さな値でなくても、データにノイズと
呼ばれる「異常な値」が含まれていないかをチェックすべきです。ノイズと
は測定したい事象とは関係ない値のことです。ウェブ会議中に後ろに会議に
参加していない別の人が話していて、その人の声が会議に紛れ込んでいるこ
とを想像するとわかりやすいかと思います。ノイズの場合は1、2個の値で
はなく、かなりの割合でデータに入ってくることが多いです。データにノイ
ズが多い場合、分析モデルが「混乱」してしまい、誤った結果を出してしま
います。あらかじめデータクレンジングによってノイズを取り除くことが大
切です。

　初心者の方が外れ値を判断するのに使いやすい方法は、箱ひげ図を描いた

上で四分位範囲（IQR）を利用することです。次の節でこれをお伝えします。

　他に、外れ値検定やクラスター分析など高度な外れ値発見法もあります。外れ値を特定できた場合、それを除外する、もしくは、外れ値を含んだ状態でも分析できるように対数変換などデータ変換を行うなどの対応がとられます。

2.7 箱ひげ図と四分位範囲

箱ひげ図とは、データのばらつきをわかりやすく表現するための統計図の一種です。

2.6 節で述べたように、外れ値（他のデータと極端に値が異なるデータ）が学習用データに含まれると、分析の結果がそれに引っ張られてしまうことがあります。箱ひげ図を活用すると、外れ値を特定することができます。その後に外れ値の原因を特定し、その値を含むデータ行を除去するのか、残すのかの判断をします。

箱ひげ図を描くとき、データを大きさの順番に並べて「データ個数に基づいて」4 つのグループに均等に分けます。図 2.7.1（左）に箱ひげ図の一例があります。4 つの区間（A、B、C、D）のそれぞれに同じ個数のデータが入っているにもかかわらず、区間の長さが異なることから、データのばらつき具合を可視化できます。図 2.7.1（左）において、区間 D はばらつきが大きく、区間 B はばらつきが小さいことがわかります。これはすなわち、（4 つの区間の各々に入るデータの数が同じであることから）区間 B にデータが集中しているということです。

図 2.7.1 （左）：箱ひげ図の区間の長さから見えるデータのばらつき
（右）：箱の高さ = 区間 B の長さ + 区間 C の長さ

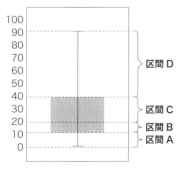
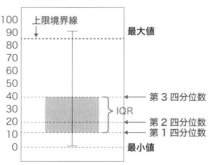

全データの半分が第2区間（区分B）と第3区間（区分C）にあるので、この例では全データの半分がおよそ10と40の間にあることが読み取れます。

箱ひげ図の中に表される4つの区間の境目を四分位点と呼びます。値の小さい方から以下のように呼びます（図 2.7.1（右））。分位点と分位数、2通りの呼び方があります。

- 第1四分位数（Q1）
- 第2四分位数（Q2）
- 第3四分位数（Q3）

箱ひげ図から外れ値を見つける

基本的に、**箱ひげ図のひげの範囲から外れた値が外れ値**とみなされます。

定量的に外れ値を判定する際に使う指標が四分位範囲 IQR（Interquartile Range）です。四分位範囲とは、四分位点を見たときに、第1四分位点から、第3四分位点までの範囲を指しています。

四分位範囲（IQR）＝第3四分位点（Q3）−第1四分位点（Q1）

上限と下限の境界値を四分位範囲（IQR）を使って定義することができます。

上限境界値：第3四分位数＋1.5×IQR
下限境界値：第1四分位数−1.5×IQR

図 2.7.2 の場合、計算をしてみましょう。

四分位範囲（IQR）＝ 40 − 10 ＝ 30
上限境界値＝ 40 ＋ 1.5 × 30 ＝ 85
下限境界値＝ 10 − 1.5 × 30 ＝ −35

箱ひげ図と関連する概念はパーセンタイル（Percentile）です。データ値を小さい順で並べたときに、**ある値が何%の位置にあるかを表す指標です**（図 2.7.2）。

0 パーセンタイル＝最小値　　　100 パーセンタイル＝最大値

N パーセンタイル＝データ全体を N%と 100-N%で分割する値

データ全体の 25%＝25 パーセンタイル　＝第一四分位数

データ全体の 50%＝50 パーセンタイル　＝第二四分位数

データ全体の 75%＝75 パーセンタイル　＝第三四分位数

図 2.7.2　パーセンタイルと四分位数の関係性

2.8 データにおける偏りとバイアス

偏り（バイアス）を含むデータを分析すると、分析の結果の信頼性が下がります。この節では、バイアスが起きる原因および、データを収集する段階からバイアスを排除する工夫について紹介します。

データに偏りがないのかを確認

データの偏り（別名：バイアス；Bias）とは、**特定のクラス（範囲内）のデータの数が、他のクラス（範囲内）のデータ数よりも極端に多いような状態を指しています。偏っているデータを分析に用いると、分析の結果にもバイアスが生じてしまい、**そのような結果に基づいて有意義なアクションをとることができません。

母集団から標本抽出を行う段階では、サンプリング・バイアスと呼ばれる、統計的偏りの一種が起きやすいです。

サンプリング・バイアスは現実世界の偏見を反映しているとも言われています。例えば、SNSの投稿文から「どのカレー商品が一番人気なのか」を自然言語処理で分析したとします。この場合、特定のSNSプラットフォームを全く使わない年齢層や性格の方々からは一切データを集めることができません。結局「SNSが好きな方に人気なカレー」の分析になり兼ねません。

他に、地域性、収入、ジェンダー、文化、職業、年齢など母集団の属性に起因するバイアスが考えられます。

層別抽出法 / 層化サンプリング（Stratified Sampling）を用いてサンプリング・バイアスを防止することができます。図2.8.1のように、母集団を予め複数の層に分け、各層の中から必要な数だけ無作為抽出する手法です。

図 2.8.1　層化サンプリングの模式図

　上記の図はデータをあらかじめ A と B のそれぞれの層に分け、A と B の
それぞれから適切な数を抽出しているイメージです。

　ところで、必ずしも全ての偏りを無くす必要があるとは限りません。偏り
が精度にどれだけ影響を与えるかは、データ全体のボリュームにも依存しま
す。例えば、ボリュームの大きいオープンデータを使う場合、多少の偏りが
あっても、各クラスの絶対的なボリュームが多いので精度へのインパクトが
軽減されます。一方で、自社データは、分析で注目されるクラスについて十
分な量を用意できていない可能性があり、偏りが結果に響きやすいです。こ
の場合はデータ収集の仕組みから検討しなおす必要があります[5]。

---

[5]　アップサンプリングやダウンサンプリングを用いて、データ偏りを調整する手段もありますが、
　この調整が適切に行われていないと予測結果に人為的なバイアスを及ぼす可能性があります。

Chapter 3

統計学を活用してデータを整理

　たくさんのデータを漠然と眺めてもそこから何もわかりません。
Chapter 3 では、以下の操作を通じて、データから特徴を引き出
す練習をしていきましょう。

- データの基礎統計量を算出（平均値、中央値、最頻値、分散、標準分散）
- データを表にする（度数分布表、相対度数分布表）
- データをグラフにする（可視化）
- ヒストグラムを作る
- 2 変数間の相関
- クロス集計表

3.1 基礎統計量でデータを整理

　代表値とは複数のデータ全体の性質を表した数値のことです。

　データの代表値には複数の種類があり、中でも、平均値、中央値、最頻値が主です。この節では3種類の違いやメリット・デメリットを理解していきます。

- 平均値（Mean、Average）：すべての数値を足して、数値の個数で割ったもの
- 中央値（Median）：数値を小さい方から並べたときに、真ん中に来る値
- 最頻値（Mode）：一番頻繁に出現する値

　上記以外に、データのばらつきや広がり具合を示す標準偏差（Standard Deviation）もこの節で学びます。

3.1.1 平均値

　データ群の特徴を表す代表値として、最も有名かつ重要なのは、なんといっても「平均値」でしょう。例えば、メディアで報道されている情報には「1年間で平均○が消費されています」などのような表現が多く並べられていますね。

　平均値（よく $\bar{x}$ と表記される）は**式 3.1.1** で表すことができます[1]。

$$\bar{x} = \frac{x_1 + x_2 + x_3 \cdots\cdots + x_n}{n} \qquad \text{式3.1.1}$$

---

[1]　ここで定義したのは、最もよく使われる「相加平均」です。各データ値をその重要度で重み付けした「加重平均」もあります。

ここで扱うデータはある母集団から抜き取った標本(サンプル)としましょう。

式 3.1.1 において分子は、この標本の全ての値の総和であり、分母の n は標本のデータの個数です[2]。データ全体の特徴がこの平均値によってある程度推測できる場合があります。

既に気付いている方もいると思いますが、平均値と同じ値が実際の標本の中にあるとは限りません。

chapter 3-1 演習

ここで、手を動かして、簡単なデータから平均値を計算してみましょう。手計算の他に、Excel 関数を用いても計算できます。

演習 3.1.1

日ごとの体重の測定値には変動が伴うものの、週ごとに平均値を比べると体重管理しやすくなります。下表は、A さんの一週間分の体重の記録です。一週間の体重の平均値を算出しましょう。

日付	体重(kg)	日付	体重(kg)
10/1	64.5	10/5	64.3
10/2	64.1	10/6	64.5
10/3	63.9	10/7	64.3
10/4	64.1		

解答・解説

まず、式 3.1.1 を用いて計算で行う方法です。

---

[2] このような設定のもとで計算された平均値は、厳密的には「標本平均」と呼びます。

$$\bar{x} = \frac{64.5+64.1+63.9+64.1+64.3+64.5+64.3}{7} = \frac{449.7}{7} \cong 64.2$$

一週間の平均体重はおよそ 64.2kg となります。

　上記の問題では数値が 7 つしかないので、手計算が苦になるほどではありません。データが多い時は Excel を活用しましょう。Excel には AVERAGE()という関数があります。これを活用すると図 3.1.1 のように一気に平均値を計算できます。

　他の基礎統計量も同様に Excel の関数を用いて計算できます。詳しくは巻末 P.287 をご覧ください。

図 3.1.1　Excel の関数を用いて平均値を計算する方法

C11			✕ ✓ fx	=AVERAGE(C3:C9)	
	A	B	C	D	
1					
2		日付	体重（kg）		
3		10月1日	64.5		
4		10月2日	64.1		
5		10月3日	63.9		
6		10月4日	64.1		
7		10月5日	64.3		
8		10月6日	64.5		
9		10月7日	64.3		
10					
11			64.2428571		
12					

3.1.2　中央値

　中央値とは「全てのデータの数値を順番に並べた時にちょうど真ん中の順番に来る値」のことです。

　例えば、ある部署に所属する社員の年齢が ¦25 歳, 27 歳, 27 歳, 31 歳, 33 歳, 38 歳, 53 歳¦ である場合、中央値は 31 歳です。

　上記の例ではデータが奇数個であるため、「ちょうど真ん中にくる値」が

存在します。一方でデータが偶数個の場合、「同じくらい真ん中にある2つの値を足して2で割った値」を中央値とします。

平均値よりも、中央値の方がデータを代表する統計量としてふさわしいケースがあります。両者の使い分けを次の項で説明します。

3.1.3 平均値と中央値の使い分けが重要！

データの性質を知りたいとき、平均値と中央値のどちらを参考にすればよいでしょうか。

ある程度データの量が多い場合、そして「**およそどのくらい**」を知りたい時に「平均値」を採用することが多いです。

例

この街の世帯ごとに子供がおよそ何人？

このスーパーの来店客は一人あたり滞在時間およそどのくらい？

一方で「**全データのおよその中心**」を知りたい場合は「中央値」を選びます。

上記ほど「使い分け」が説明しやすくないケースもあります。

例えば、データが**図 3.1.2** の左側のように左右対称に近い山形に分布していた場合は、平均値も中央値も（最頻値も）ほぼ同じ値になります。**図 3.1.2** の右側のように、裾（テール）を引いて**非対称に分布している**場合、平均値と中央値に違いが出ることがあります。

図 3.1.2 　左：左右対称なデータ分布の場合は、平均値と中央値が近い値をとりやすい。
　　　　　右：非対称なデータ分布の場合、平均値と中央値に違いが現れやすい。

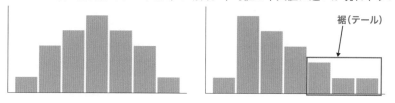

裾（テール）

平均値は極端なデータ値に影響されやすい

　平均値は、すべての数値が計算式の中に出ており、「データを代表している」感が強いため、よく使われます。

　一方で、平均値のデメリットは：

データが極端な数値を含んでも、それを平等に考慮してしまうこと

　データに、Chapter 2 で説明した「異常値」や「外れ値」が含まれると、平均値が影響をとても受けやすいのです。

　これに対して、中央値のメリットは：

外れ値の影響をあまり受けずにデータ全体を代表できること

　つまり、**中央値は外れ値に対して頑健性**を持ちます。中央値は、上から数えても下から数えても同じ順位にあるため、外れ値（大きすぎる値や小さすぎる値）が分布の上位と下位のどちら側に存在しても影響をさほど受けません。

　平均値の意味をよく理解せずに値だけ丸呑みするとショックを受けることがあります。
　転職サイトに掲載される求人企業における平均年収を例に取りましょう。転職希望者は、興味を持っている会社の平均年収が 1000 万と聞いて「入社しよう！」と決めたとします。入社後に実際の給料は何年たっても 400 万の

まま、これは嘘の情報だったのか、と憤りを感じたところ、実際は社員の年収の分布が**図 3.1.3** のようになっていました。飛び抜けている値に平均値が引っ張られ、感覚と異なる値になってしまいます。

　現実の話、会社の立場からは分布を見せるよりも、平均値という 1 つの値のみ見せた方が都合良いですけどね…。

図 3.1.3　平均値ではうまく代表できないような年収分布

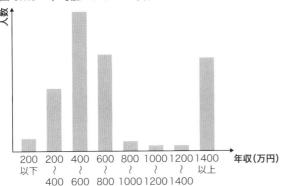

　上記は、平均値の誤解釈の危険性を示す例でした。同じデータでも平均値と中央値がかなり違う例をもう 1 つみていきましょう。

　図 3.1.4 は、ある企業が出している 5 種類の広告の 1 分ごとのクリック数を順に並べたものを示しています。平均値を計算すると 702 になります。しかし個別の広告はこの平均値から離れており、「この企業の広告は毎分おおよそ 700 クリック」と解釈するのは適切とはいえません。これは、平均値は圧倒的にクリック数の多い、または少ない広告に影響されているからです。

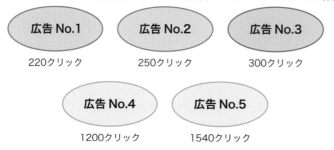

図 3.1.4　クリック数順に並べられた広告の 1 分ごとのクリック数

広告 No.1　220クリック
広告 No.2　250クリック
広告 No.3　300クリック
広告 No.4　1200クリック
広告 No.5　1540クリック

≫ 中央値よりも平均値が適切な場合

逆に、中央値ではなく、平均値を積極的に使うべきケースもあります。

中央値は、データ全体ではなく真ん中のみ表すので、データ全体の変化を観察する目的には適さないことがあります。

例えば、会社の創立以来、5 年間にわたる年間総売上額が以下だとします。

|2015 年：6 億、2016 年：7 億、2017 年：6 億、2018 年：7.5 億、2019 年：6.5 億|

中央値は 6.5 億です。

平均値は 6.6 億です。

その後、新規事業の設立により売り上げを大きく伸ばすことに成功し以下になりました。

|2020 年：6.4 億 , 2021 年：12 億|

相変わらず中央値は 6.5 億です。

一方で、今回、平均値は 7.7 億になり、上記に比べて（2021 年の売り上げが大きいので）上がりました。

この場合、中央値のみ考慮すると会社の最新状況を反映できず、「この会社の業績は変わらなかった」と解釈されてしまいます。

以上により、データを代表する統計量の使い分けと解釈が重要であることを実感していただけたかと思います。

まとめると、代表値を選ぶときに**データの分布を考慮すべき**です。

平均値と中央値を両方算出し、両者間が大きくずれていなければ、データがきれいな山形分布(左右対称な分布)をしていることが多いです[3]。この場合、どちらかというと、広く使われ、他人に伝わりやすい「平均値」がよいでしょう。

一方で、平均値と中央値が乖離していれば、分布に偏りや外れ値・異常値が潜んでいる可能性があります。データの中に極端な値があるかどうかを確認してください。この場合は、中央値を使うのが安全であることが多いです[4]。

ただし、「代表値という 1 つの数値で全体を表す」ことにそもそも限界があり、誤解を招くこともあります。例えば、山が 2 つあるようなデータ分布を 1 つの数値で表してしまうと、大事な情報を見落してしまいます。

3.1.4　最頻値

最頻値とは名前の通り、**最も頻繁に出てくる値**、言い換えると**度数**(1.2 の P.27 参照)が**最も大きい値**のことです。

中央値と同じく、最頻値も**外れ値や異常値の影響を受けにくい**のです。

また、**質的データ**(P.66 で解説)の場合、代表値としては最頻値のみが使えます。例えば、以下のような会員ランクのデータの場合、ランクを表す番

---

[3]　2 つの山が重なっていたり、歪な形になっていても、左右対称であれば、平均値 = 中央値になります。ポイントは「左右対称」かどうかです。
[4]　ただし、以下のように例外もあります。
　　例)年収分布に偏りがあっても、会社の経営側が「人件費」を計画する上では、中央値ではなく平均値を使うべき。

Chapter
3
統計学を活用してデータを整理

号の大小には意味がないため、平均値や中央値を計算することはできますが、具体的な意味を持ちません。「最頻値は1」という意味はあります。

	シルバー	ゴールド	プラチナ
ランク	1	2	3
会員数	600	450	150

シルバー：1　ゴールド：2　プラチナ：3

　最頻値の欠点は、**データ数が多い場合でしか使えない**ことです。極端な例をあげると、数個のデータしかなく、どの値も1回ずつ出現する場合、どの値も最頻値になってしまいます。

　以上、平均値・中央値・最頻値の3種類の代表値について、各々の用途やメリット・デメリットを説明しました。どんなデータを扱っているのか、何を調べたいかによって代表値を選びましょう。また、数値だけではなく、可視化の力を借りてデータをグラフ化することで、さらに効果的にデータの性質を伝える工夫もしましょう。

3.1.5　分散と標準偏差

　これまでに述べてきた代表値だけでは、データ全体の性質をうまく表せないことがあります。平均値と中央値の両方が同じでもデータの分布が異なることもあります。

　データのばらつきや広がり具合を示すために、とても重要な指標である分散と標準偏差を解説します。

　改めて、データのばらつきの度合いを定量的に示す指標が必要です。
　各データ値と平均値の差を偏差と呼びます。この偏差の二乗を足し合わせて、さらにデータの個数で割った値を分散と言います。分散はデータのばら

つきの度合いを表す有用な指標として使われます[5]（**式 3.1.2**）。この値を分散と呼びます。

標本が n 個のデータから成る場合の分散は**式 3.1.2**のように計算されます。

$$S^2 = \frac{(x_1-\bar{x})^2+(x_2-\bar{x})^2+(x_3-\bar{x})^2+\cdots\cdots+(x_n-\bar{x})^2}{n}$$　**式3.1.2**

ここで、$\bar{x}$ は**式 3.1.1**(P.86) で計算した平均値です。分子の部分は「変動」と呼びます。

この「変動」もデータのばらつき度合いによって決まる値ではあるのですが、データの個数（n）が増えるに従ってどんどん大きくなる性質があります。

したがって、データのばらつきの適切な指標を得るために、「変動」をデータの個数（n）で割り算する必要があります。

データと同じ次元を持ち、データのばらつきを表すのに最もよく使われる指標は、標準偏差です。**式 3.1.3** のように分散の平方根をとった量です。

$S=\sqrt{S^2}$　**式3.1.3**

データのばらつきが大きくなればなるほど標準偏差が大きくなります（図 3.1.5）。標準偏差が 0 となるデータは、全てのデータが同じ値であるデータです。

なぜ分散の平方根をとるのでしょうか？

分散は元のデータ（と平均の差）を 2 乗した量を使っているので、単位が元のデータと異なります。一方で、「ばらつき」は元のデータと同じ単位であることが比較する上でわかりやすいのです。そこで、**分散の平方根をとれば元のデータと同じ単位に合わせることができます**。

---

[5] 偏差だけをデータのばらつきの指標に使うことは難しいです。なぜなら、各データの偏差、つまり「各データ値と平均の差」を全てのデータについて足し合わせると 0 になってしまい有用な指標として使えなくなるからです。

図 3.1.5 　左側は標準偏差が小さく、データのばらつきが小さい状態の例。右側は標準偏差が大きく、データのばらつきの大きく、データ分布が広がっている状態の例

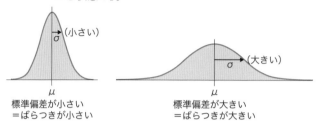

標準偏差が小さい
＝ばらつきが小さい

標準偏差が大きい
＝ばらつきが大きい

補足：5.1節で説明するが、μは母平均、σは母分散を表す。ここでは$\mu \fallingdotseq \bar{x}$、$\sigma \fallingdotseq S$としてイメージすれば良い

chapter **3-2** 演習

　与えられたデータから主要な基礎統計量を計算し、さらに計算結果から結論を導出してみましょう。

演習 3.1.2

平均値、中央値、分散、標準偏差を計算

10 人の生徒のテストの得点 (10 点満点) は以下の通りである。

　　　　9, 10, 5, 7, 9, 8, 5, 7, 6, 6

10 人の得点の平均値、中央値、分散、標準偏差を求めよ。

解答・解説

サンプル：enshu (3.1.2) .xlsx (P.10「ダウンロード」参照)

平均値：

　　式 **3.1.1** を用いて計算すると、答えは 7.2 となります。

中央値：

> データ数が 10 と偶数であるため、上から数えても下から数えても「中央」になるデータは存在しません。5 番目は中央より下に、6 番目は中央より上にあるため、5 番目と 6 番目の値の平均値を求めることで中央値が 7 となります。

分散と標準偏差：

> 手計算で分散 S^2（標準偏差 S）を求める場合、**式 3.1.2** を使用します。

$$S^2 = \frac{(x_1 - \bar{x})^2 + (x_2 - \bar{x})^2 + (x_3 - \bar{x})^2 + \cdots\cdots + (x_n - \bar{x})^2}{n}$$

$$S = \sqrt{S^2}$$

分散 $S^2 \sim 2.8$

標準偏差 $S \sim 1.7$

　分散や標準偏差の計算は、平均値や中央値の計算に比べてやや煩雑です。特に標準偏差の計算は平方根を求めなくてはならないため、手計算では時間がかかってしまうことがあります。

　そこで、Excel や Google Spreadsheet など表計算ソフトによる計算に慣れておくことをお勧めしています。上の式に基づいて分散や標準偏差を求める関数は、それぞれ **VARP ()** と **STDEVP ()** です。これらの関数の使い方を知っておくと便利です[6]。

　なお、似た名前に VAR () と STDEV () という関数がありますが、これらは、標本調査の結果から母集団の分散や標準偏差を推定するもので（Chapter 5 参照）、全数調査である本題には適しません。標本調査とは、大きな集団の全てのデータの性質を調べるのが大変な場合、母集団から標本をランダム

---

[6] Excel の最近のバージョン（2022 年 12 月時点）では、VAR.P と STDEV.P に変わっています。
< URL >
https://support.microsoft.com/ja-jp/office/varp-%E9%96%A2%E6%95%B0-26a541c4-ecee-464d-a731-bd4c575b1a6b

に抽出し調査することで母集団の性質を推定すること（Chapter 1 の P.15 参照）を指しています。

平均値：＝AVERAGE (A2:A11)

中央値：＝MEDIAN (A2:A11)

分散：＝VARP (A2:A11)

標準偏差：＝STDEVP (A2:A11)

	fx	=VARP(A2:A11)		
A	B	C		D
test_tensu				
9		平均値		7.2
10		中央値		7
5		分散		2.76
7		標準偏差		1.66
9				
8				
5				
7				
6				
6				

演習 3.1.3

　S 君が住む街に友人 T 君が引っ越してきて、S 君に「駅前の定食屋で夕飯を食べると大体いくらかかる？」と質問しました。S 君（ほとんど自炊しない人）はこの 2 ヶ月間、定食屋で夕飯を食べた時の記録をデータ（P.10「ダウンロード」：enshu (3.1.3) _menu_data.xlsx）として残しました。このデータをもとに以下を行なってください。

　1. 統計情報（平均値と標準分散）を算出

　2. 上の結果をもとに、定食屋での出費の目安を文章で説明

解答・解説

　データを Excel で開いて Excel の関数で計算すると便利です。同様な関数が無償で使える Google Spreadsheet 上ででも計算可能なので、ここでは代わりに Google Spreadsheet 上のやり方を紹介します。

▼ 手順

❶ 新しい spreadsheet を開き、データをシート上にコピーします。

	A	B	C
	日付	メニュー	金額（円）
	2021/6/1	サバ味噌定食	700
	2021/6/2	日替わり定食	600
	2021/6/3		
	2021/6/4	野菜炒め定食	700
	2021/6/5	塩ラーメン	550
	2021/6/6		
	2021/6/7		
	2021/6/8	日替わり定食	600
	2021/6/9	豚汁+おにぎり	400
	2021/6/10		
	2021/6/11		

❷ 平均と標準偏差を計算します。

ここで注意しなければいけないのは、空白（定食屋で食事しなかった日）もあるので、関数を使う前に、それらの行を消す必要があります！ そうでなければ平均や分散の計算式にある分母に食べていない日数もカウントされてしまい、統計量が過小評価されてしまうからです[7]。

❸ 関数を使って各指標を計算
サンプル：enshu (3.1.3) .xlsx (P.10「ダウンロード」参照)

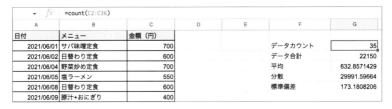

	A	B	C	D	E	F	G
fx	=count(C2:C36)						
	日付	メニュー	金額（円）				
	2021/06/01	サバ味噌定食	700			データカウント	35
	2021/06/02	日替わり定食	600			データ合計	22150
	2021/06/04	野菜炒め定食	700			平均	632.8571429
	2021/06/05	塩ラーメン	550			分散	29991.59664
	2021/06/08	日替わり定食	600			標準偏差	173.1808206
	2021/06/09	豚汁+おにぎり	400				

---

[7] 表計算ソフトの機能によっては、空白を無視してくれるものもあります。スプレッドシートだと、空行を消さなくても同じ値になりますが、過信は要注意です。

≫ データの個数

=COUNT (C2:C36)

COUNT関数を使用し、データを数えたい範囲を関数に入力します。
2ヶ月間、35回定食屋で食事したことがわかります。

他の指標も同様に、関数を用いて計算します。
データの合計はSUM ()関数を使用し、これは検算用(後述 P.101)です。

≫ 平均値

= AVERAGE (C2:C36)

平均630円/回を夕食に使っているようです。

≫ 分散

= VAR (C2:C36) [8]

≫ 標準偏差

=STDEV (C2:C36) [8]

ばらつきは170円程度あるということがわかります。

元データと同じ「円」単位になっているのは分散ではなく、その平方根を
とった標準偏差の方であることに注意してください。

---

[8]　ここでは、定食屋で食事した日に記録したデータを標本として使っているので、標本に対して
使う関数はVARとSTDEVになります。指定する数値が母集団全体である場合は、VARPと
STDEVP関数を使用して標準偏差を計算してください。

下図のように、spreadsheet にある様々な補完機能にお世話になると便利
です。

❹ 結果を説明する

　結果により、「1 回の食事にかかるおおよその金額は 630 円であり、そ
の金額より 170 円高くなる、または低くなってもおかしくない」という
ことを友人に助言できます。

⟨ 解説の補足：検算 ⟩

　関数に慣れていない場合は、関数から出力された結果を「信じる」ことが
難しいこともあります。その場合はご自身で 3.1 節 (P.86) の数式をもとに検
算をしてみてください。

- 平均は（データ値の合計）/（データ個数のカウント）
- 標準偏差は　関数で出した分散の平方根をとる

3.2 データを表にする

　度数分布表はデータを整理するための有効な手段です。この節では、度数分布表、そして階級間の比較に使いやすい相対的度数分布表、累積度数分布表の作成を実践していきます。

3.2.1 度数分布表

　度数分布表とは、データをその大きさに応じて複数の区間に分割し、それぞれの区間にデータが何件存在するかを調べてまとめた表です。基本的な度数分布表を作ってみましょう。以下は大まかな手順です。

1. データの取りうる範囲をいくつかの区間に分ける
2. データがそれぞれの区間に何個ずつ入るのかを算出する
3. 以上を表にまとめる

　出来上がった度数分布表から、データが各区間にどのように「分配」されているのかが見えます。統計学の用語でいうと、この区間のことを階級、区間の幅を階級幅、階級を代表する値（通常は区間の中央値を用いる）を階級値と呼びます。

　まず擬似データで作り方を示し、演習の方では巻末から取得する実際のデータファイルで挑戦しましょう。

例

　図 **3.2.1** のような、製造社ごとの従業員数のデータが 400 件あるとします。

図 3.2.1　製造者ごとの従業員数のデータの模式図（途中略）

No.	製造社	従業員数
1	株式会社●	98
2	株式会社◎	78
3	株式会社◆	35
・	・	・
・	・	・
・	・	・
400	株式会社■	70

　階級幅を 10 にした場合、図 3.2.2 のように 10 個の階級を持つ度数分布表にまとめることができます。

図 3.2.2　図 3.2.1 を階級幅 10 にし、度数分布表として表現したもの

階級 （従業員数）	度数
0~9	1
10~19	14
20~29	27
30~39	30
40~49	43
50~59	85
60~69	84
70~79	76
80~89	30
90~99	10

階級 6 〜 10 個というのは、度数分布表をヒストグラムとして可視化した時の分布の見やすさを念頭に入れて見積もった目安です。あくまでも目安であり、度数分布表だけで見る場合はあまり厳しく考えなくてよいでしょう。

　コンピュータ（表計算ソフトウェアなど）に指示を出せば、手作業で大きなデータを仕分けなくてよいのはもちろん、階級への配分を見ながら、階級幅を自由に調整しやすいです。これを演習の方で実践しましょう。

ここで注意したいのは、度数だけでは「特定の区間にデータが多いかどうか」は判断できません。データの総数を考慮する必要があります。極端な話、データが全部で6個、区間1に1個、区間2に2個、区間3に3個あった場合、区間の順位をつけることができるものの、データの総数が少なすぎるため、「区間3が主力」とは言いがたいのです。また、度数が5であっとして、総数が1000であれば少数と言えますし、総数が10であれば多数と言えます。よって、総数に対する割合が重要になります。

3.2.2　相対度数分布表

　次に、相対度数分布表を作ってみましょう。相対度数分布表では、階級区間ごとに度数の代わりに相対度数を記述します。

　相対度数＝（ある階級の度数）/（合計の度数）

　言い換えると、ある階級のデータ数をデータの総数で割った値です。パーセント（％）表示にすることが多いです。
　一般的に、「相対」とは「他のものとの比較に基づく」ことを意味します。後で学ぶ確率という概念につながります。

　図 3.2.2 の度数分布表を相対度数分布表にまとめたものは図 3.2.3 となります。**相対度数の合計は 1（100 パーセント）になることを意識してください。**

図 3.2.3　図 3.2.2 の度数分布表の度数をデータ総数で割り算し、相対度数を算出したもの

階級 （従業員数）	相対度数
0~9	0.3%
10~19	3.5%
20~29	6.8%
30~39	7.5%
40~49	10.8%
50~59	21.3%
60~69	21.0%
70~79	19.0%
80~89	7.5%
90~99	2.5%

3.2.3 累積相対度数分布表

相対度数は各階級の度数を合計の度数で割ったものでした。それに対して、累積相対度数分布とは、相対度数を下の階級から順に足し合わせたものです。別の求め方としては、ある階級以上の累積度数（度数を累計した値）をデータ総数で割った値です。

図 3.2.4 は、図 3.2.3 の相対度数分布表を累積相対度数分布表にしたものです。

図 3.2.4　図 3.2.3 の相対度数の累積をとって、累積相対度数分布表にしたもの

階級 （従業員数）	累積相対度数
0~9	0.3%
10~19	3.8%
20~29	10.5%
30~39	18.0%
40~49	28.8%
50~59	50.0%
60~69	71.0%
70~79	90.0%
80~89	97.5%
90~99	100.0%

表にすることで、何百行もある大きくて乱雑なデータの性質が見えてきてすごいですね。

これらの表で数値を見ることを好む方もいますし、次の節で説明するヒストグラムとして可視化したい方もいます。

　ここで、度数分布表、相対度数分布表から、情報を解釈する練習をしましょう。さらに、与えられたデータから度数分布表、相対度数分布表を作ってみましょう。

演習 3.3.1

　下表は、ある日における、A組の生徒25人とB組の生徒25人の家庭学習時間をまとめた度数分布表です。A組とB組を比較したとき、家庭学習時間の中央値が長いのはどちらでしょうか。また、A組とB組を比較したとき、家庭学習時間が2時間よりも長い生徒の割合が多いのはどちらでしょうか。

階級(時間)	度数(人)	
	A組	B組
0～1	5	3
1～2	6	4
2～3	1	7
3～4	2	6
4～5	5	4
5～6	6	1
合計	25	25

【選択肢】

　1.（ア）A（イ）A

　2.（ア）A（イ）B

　3.（ア）B（イ）A

　4.（ア）B（イ）B

解答・解説

正解　2

選択肢 2 が正しい解答です。

25 人の中央値は、13 番目の値を見ればよいです。
A 組の中央値は 3 〜 4 時間、B 組の中央値は 2 〜 3 時間になります。
したがって、**A 組の方が長い**が答えです。

家庭学習時間が 2 時間よりも長い生徒の割合は、A 組で 14/25、B 組で 18/25 になります。
したがって、**B 組の方が多い**が答えです。

※このように分布のあるデータから、何らかの指標で比較を行うとき、その取り出し方によって結果が変わることがあります。特に分布の形状が異なるときにその影響は顕著になります。

演習 3.3.2

下表は、ある日における、A 組の生徒の家庭学習時間をまとめた度数分布表です。(a) , (b) , (c) に当てはまる数を求めてください。

階級(時間)	度数(人)	相対度数
0〜1	4	0.16
1〜2	(a)	0.20
2〜3	7	(b)
3〜4	5	0.20
4〜5	2	0.08
5〜6	(c)	0.08
合計	25	1.00

解答・解説

ヒストグラムと度数分布表に関する問題です。

相対度数の意味合いを理解できれば解けます。

全体で 25 人により、

(a) $25 \times 0.20 = 5$

(b) $7 \div 25 = 0.28$

(c) $25 \times 0.08 = 2$

⟨ 演習 3.2.3 ⟩

「製品番号ごとの売上」のデータ (P.10「ダウンロード」: "enshu (3.2.3) _ sales_data.xlsx") を用いて度数分布表を作ってください。下表の右側に相対度数分布表も作ってください。そこから観察できるデータの特徴について述べてください。

製品番号	売り上げ（万円）
1	1816
2	1655
3	373
4	770
5	1125
6	71
7	773
8	471
9	1804

解答・解説

サンプル："enshu3.2.3.xlsx"（P.10「ダウンロード」参照）

　一般的に、度数分布表には、目安として階級が 6 ～ 10 個あるとよいとされています。また、各区間のデータの個数がそれなりの数になるように階級幅を設定したいものです。

　まず、Excel の関数 max ( ), min ( ), count ( ) を用いて、データの最大値、最小値、全データ数を出します。

E2		× ✓ *fx*	=MAX(B2:B48)		
	A	B	C	D	E
1	製品番号	売り上げ (万円)			
2	1	1816		最大値	1981
3	2	1655		最小値	39
4	3	373		データカウント	47
5	4	770			
6	5	1125			
7	6	71			
8	7	773			

最大値は 1981、最小値は 39 であり、仮に階級幅を 200 にした場合、区間の数は(最大値 − 最小値) /200 = 9.71 よって約 10 となります。

「区間値」(階級の上限値)列には階級の代表値[9]の 200, 400, …を入れます。そうすると、下図の右側のような階級となります。

製品番号	売り上げ(万円)			最大値	1981		階級	区間値
1	1816		最小値		39		0~199	200
2	1655		データカウント		47		200~399	400
3	373						400~599	600
4	770						600~799	800
5	1125						800~999	1000
6	71						1000~1199	1200
7	773						1200~1399	1400
8	471						1400~1599	1600
9	1804						1600~1799	1800
10	256						1800~1999	2000
11	1165							
12	1978							

次に、FREQUENCY 関数を使って各区間の度数を計算します。下図のように、「度数」列の 1 つ目のセルに以下の数式を入力し Enter を押します。
= FREQUENCY (B:B,H3:H11)

これをコピー→プルダウン→ペーストで「度数」列の残りのセルを埋めます。

---

[9] 本来の数学・統計学的な流儀に従うと、ここには階級の「中間値」を入れるのですが、Excel の FREQUENCY 関数を使う場合は、ここに階級の「上限値」を入れます。

階級	区間値	度数
0~199	200	5
200~399	400	5
400~599	600	4
600~799	800	5
800~999	1000	3
1000~1199	1200	4
1200~1399	1400	3
1400~1599	1600	4
1600~1799	1800	8
1800~1999	2000	6

これで、度数分布表が出来上がりました。

次に、相対度数分布表を作ります。

あらかじめ、D列に最大値・最小値とともにデータカウントを出してあります。J列の「相対度数」において、I列の「度数」の各値をデータカウントの 47 で割り算します。最後にパーセンテージ表示に直し、表示小数点桁数を調整します。

そうすると、下図のように度数分布表の右側に相対度数が並ぶ形になります。

D	E	F	G	H	I	J
最大値	1981		階級	区間値	度数	相対度数
最小値	39		0~199	200	5	10.6%
データカウント	47		200~399	400	5	10.6%
			400~599	600	4	8.5%
			600~799	800	5	10.6%
			800~999	1000	3	6.4%
			1000~1199	1200	4	8.5%
			1200~1399	1400	3	6.4%
			1400~1599	1600	4	8.5%
			1600~1799	1800	8	17.0%
			1800~1999	2000	6	12.8%

3.3 データの可視化

データ可視化とは、データをグラフや表としてビジュアル的に表現することです。これによって、数値データだけでは気付きにくい傾向や現象を拾いやすくなり、得られた知見を課題の発見と解決につなげることができます。この節では可視化の意義と多様多種な手法を説明します。

3.3.1 可視化の目的

データの可視化とはたくさんの**数値を視覚的**かつ**直感的に捉える**ことです。

大量の数字を眺めているだけでは、有意義な情報を得ることがなかなか難しいです。数値データから計算された統計量であっても、やはり肝心な情報を見落とすことがあります。データからアクションにつなげられる結論を出すために、データをグラフや表などの目に見える形で表現することが有力な手段です。

具体的に、以下のような視点でデータを観察することができます。

- 要素間の比較
- 基準との差
- 2つ以上の変数の相関関係
- データの分布
- 集団内の偏り、特異点、異常点、外れ値
- それぞれの構成要素が占める割合
- 周期性や突発的な変化

また、可視化は次ページのような発展的な目的を意識して行われることもあります。

- データ分析の初期段階で、現状を把握し、課題を見つけ、仮説を立てる
- 将来に対して予測する
- 成果や性能を客観的に評価し、それを施策や改善につなげる
- 分析結果を相手に説明し、メッセージを伝える

　何が目的なのかを意識し、その目的を達成するためにどんな視点やグラフが効果的なのかを検討することが重要です。

 データ化とは、事象を処理しやすいように数値化、符号化することです。可視化はデータ化の逆のアプローチであり、データから事象を解釈することを助けています。

3.3.2　可視化を行うためのツール

　本当は、適切な形のグラフとして表現さえできれば、可視化の手段は問わないはずです。手書きのグラフであっても伝わればよいではないでしょうか。一方で、ツールを利用すれば、データをグラフにする作業が半自動的にできるので、圧倒的に楽になります。また、作成したものの保存、共有、再利用もしやすくなります。可視化の労力を最小限にすることで多くの時間を考察、思考、施策立案に回せるようになります。

　例えば、Excel や Python には可視化用の関数やパッケージ（使用の目的に合った機能を複数まとめたもの）が取り揃えられています。また、「BI ツール」は、可視化分析に特化したソフトウェアです（**図 3.3.1**）。BI ツールは**多方面のデータを繋ぎ合わせて一括管理した上で、ノンプログラミング（マウス操作だけ）で分析を行える**ことが特徴です。**迅速で的確な経営判断とPDCA**[10]**を支援**する効果があるため、ビジネスの場面で重宝されます。

---

[10] PDCA とは、P=Plan（計画）、D=Do（実行）、C=Check（評価）、A=Action（改善）を繰り返しながら業務の運用について品質を高めて行くマネジメントのフレームワークです。

図 3.3.1 BI ツールを使用することで、いろいろなソースからデータを集約し、多角的に分析することができます。

社内外に散在するデータ　　　　　**BI ツール**

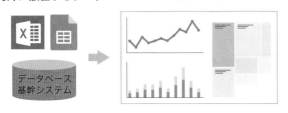

　Excel と Python と BI ツールの特徴を表 3.3.1 で比較しています。可視化の機能、プレゼンのインパクト、データ量、必要なスキル、料金など複数の視点から見てみましょう。

表 3.3.1　可視化のできる Excel と Python と BI ツールの特徴を複数の視点から比較

	Excel	Python	BI ツール
料金	• Office ソフトウェアの料金がかかる • Google Spreadsheet で代用するなら無償	• 無償	• 有償が多い(数千〜数十万 / 年)
操作	• マウス操作のみ	• プログラミングが必要	• 直感的に操作可能な UI(ユーザーインターフェース) • 大部分はマウス操作だけでできる
データサイズ	• 数千行まではそう重くはない	• ビッグデータに向いている	• ビッグデータに向いている
ビジュアル	• グラフの形式はややシンプル • 従来から見慣れているので安心感がある	• グラフの高度なカスタマイズができる	• 説得力のある美しいグラフ • 専門的な機能を活用して、ダッシュボードに様々なグラフを組み合わせ、情報を多角的に深堀しやすくできる
その他メリット	• ユーザーが多い • データの保管も可視化も同じ Excel の上でできる	• 機械学習を実装しながら同じコード内で可視化もできる	• 変更内容がインタラクティブに瞬時に反映 • データを差し替えするだけでダッシュボードが自動更新

3.3.3　様々な可視化の手法

　1.4.1 節 (P.36) では記述統計学におけるデータのグラフ化に触れました。ここでは目的別にどのようなグラフを作るのかを具体的に見ていきましょう。

≫ 折れ線グラフ

- 時系列データの可視化に使われることが多い（時間ごとの増減、季節トレンドなど）
- 横軸には量的データをとることが多い（日付、時間、量など）

例えば、以下の図 3.3.3 は月ごとの売り上げを折れ線グラフで表示しています。同じグラフの上に、前月からの増減も合わせて表示しています。

図 3.3.3　月ごとの売り上げを折れ線グラフで表示。先月からの増減を数値でグラフの上から注釈

Monthly Sales

時系列分析では、時系列データからなんらかの規則性、傾向、周期性、特徴を抽出します。例えば、「牛乳の脂肪分は毎年同じような季節変動が見られる」のように、ある現象の時間に伴う変化のパターンをデータから観察することができます。時系列分析を通じて将来の変動を予測することができます。図 3.3.4 では、月ごとの農作物の収穫量、および、将来の収穫量における予測の様子を示しています。図 3.3.5 は時系列分析でよく用いられる「移動平均」[11] の計算結果を示しています。

---

[11]　移動平均とは、ある一定期間のデータから平均値を計算し、折れ線グラフで表したものです。細かい変動をなくしたうえで比較的長期的な変動パターンを見るために使われます。

図 3.3.4 （左）月ごとの農産物の収穫量を折れ線グラフで表示。（右）既存のデータに対し時系列分析を行うことで、将来の変動を予測することが可能。

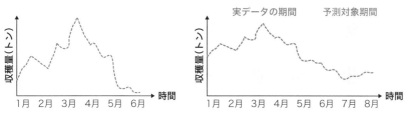

図 3.3.5 時系列データから周期性を観察。赤い実線は、時系列分析で用いられる移動平均の計算結果であり、トレンドを導き出すのに使われる。

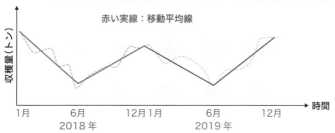

>>> **棒グラフ**

- 棒の高さで、データ群同士を比較する
- 横軸にはカテゴリなどの離散値を用いることが多い

時系列データの表現には、折れ線グラフだけではなく、棒グラフを使って可視化することもできます。**図 3.3.6** では棒グラフを用いて、カテゴリごと時間ごとのデータの増減を可視化しています。

図 3.3.6 （上）品種ごとの月ごとの収穫量（下）顧客種別ごとの毎月の購入額の変移

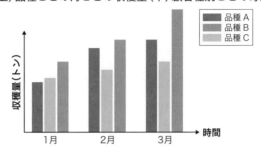

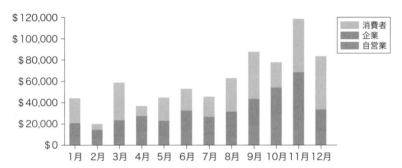

　また、2 つの変量の比較には重ね棒グラフが便利です。図 3.3.7 では、数多くの商品カテゴリごとに、「商品 A の購入者」（青棒）と「商品 B の購入者」（水色棒）を重ね合わせて、その商品の購入額を比較しています。このような可視化を通じて、「顧客の購入特性の比較」や「商品 A の購入者は商品 B の購入者に比べて、●●カテゴリへの関心が高い」のような傾向を把握しやすくなります。これは「併売（併買）分析」と呼びます。

図 3.3.7　重ね棒グラフを用いて 2 つの購入者群の間で購買額を比較

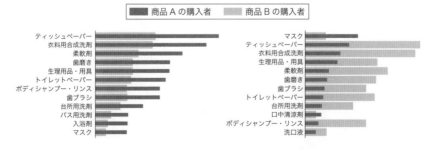

≫ 円グラフ

割合を示すのに使われます。

円グラフは**データの構成比率**を伝える・読み取るのに便利なグラフです。どの項目が支配的なのかが一目でわかるので、集計やプレゼンで使いやすく、多くの方に馴染みの深いグラフではないでしょうか。

円グラフが可視化手段として不向きの時もあります。構成項目が多すぎると各セクションの面積が細く、ラベルが潰れてしまい、見にくくなりがちです。また、複数の種類のデータを表現するときにはいくつもの円グラフを並べる必要があり、見づらくなります。「複数回答可」の質問で得られた結果を円グラフで表現すると割合を正しく表現できなくなるので要注意です。

図 3.3.8 の円グラフでは広告の流入経路（広告にアクセスしたデバイス）のSP（スマートフォン）とそれ以外の経路の割合が示されています。

 円グラフは英語では「Pie Chart」（パイ・チャート）と呼びます。丸いお菓子のパイを切り分けているイメージから名前がきています。

図 3.3.8　広告の流入経路（広告にアクセスしたデバイス）の割合（スマートフォンまたはそれ以外）を円グラフで表現

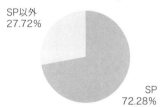

SP以外
27.72%

SP
72.28%

≫ ヒストグラム

ヒストグラム（Histogram）とは、データを区間（階級）に区切り、それぞれの区間に対するデータの個数（度数）を棒状でプロットしたものです。**横軸は階級、縦軸は度数**にすることが決まっています。3.1 節で作った度数分布表をグラフ化したものがヒストグラムです。

ヒストグラムで区間あたりのデータの出現頻度を観察することで、**データ
の分布、ばらつき度合い**を知るのに便利です。図 3.3.9 のヒストグラムはあ
る企業における社員の年収の分布を示しています。これを見ると、就活者や
転職者は自分が目指す職業の年収はどれくらいの割合の社員がもらっている
のか、を把握することができます。

図 3.3.9　横軸を年収の区間、縦軸を（該当する）人数にして作成されたヒストグラム

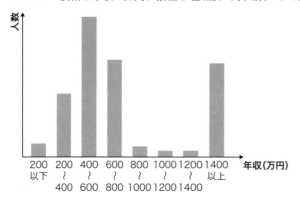

3.4　ヒストグラムを作る

改めて、ヒストグラムは、データの分布を可視化するための代表的な手段の1つです。

ヒストグラムの作成にはExcelが便利です。ここで一緒にやっていきましょう。

3.4.1　Excelを用いてヒストグラムを作る

早速、3.2節で度数分布表の作成に使用したのと同じデータ（製品番号ごとの売り上げデータ）をヒストグラムで表現しましょう。（P.10「ダウンロード」："enshu(3.4)_sales_data.xlsx"）

製品番号	売り上げ（万円）
1	1816
2	1655
3	373
4	770
5	1125
6	71
7	773
8	471
9	1804
10	256
11	1165
12	1978
13	1465
14	1629

ここでは2通りの作り方をお伝えします。

①FREQUENCY関数で作成した度数分布表からグラフを挿入する
②Excelの分析ツールにあるグラフ作成機能を使う

大差はないものの、②の方がやや楽です。一方で①は自動化が少ない分、度数分布の基本に立ち返ることができます。理解を深めるために両方法ともチャレンジしましょう。

どちらの手法でも**データ区間（階級幅）を手動で用意**することが好ましいです。区間を自動設定する機能もありますが、その場合、データ区間が中途半端な数値になり、わかりにくいグラフになります。

まず手法①の方から作ってみましょう。

》》手法1：FREQUENCY関数で作成した度数分布表からグラフを挿入する

これから、演習3.2.3と同じようにデータ区間を設定し、区間ごとの度数を計算します。以下についてもう一度掲載します。

1. Excelの関数 max (), min (), count () を用いて、データの最大値、最小値、全データ数を出します（図 3.4.1）。

図 3.4.1　データ区間を作るためにデータの最大値、最小値、総カウントを計算する

E2		× ✓ fx	=MAX(B2:B48)		
	A	B	C	D	E
1	製品番号	売り上げ（万円）			
2	1	1816		最大値	1981
3	2	1655		最小値	39
4	3	373		データカウン	47
5	4	770			
6	5	1125			
7	6	71			
8	7	773			

2. 最小値から最大値まで全てカバーする範囲を設けて、全データ数を考慮し、各区間に十分なデータの個数が所属できるような階級幅を設定します。「データ区間」列には階級の代表値（ここでも、演習3.2.3で述べたように、

階級の中間値である「階級値」ではなく、階級の上限値）を入れていきます
（**図 3.4.2**）。

3. FREQUENCY 関数を使って各区間の頻度を計算します。**図 3.4.2** のように 1 つ目のセルに以下の数式を入力し Enter を押します。

$$= FREQUENCY (B:B,C2:C10)$$

これをコピー→プルダウン→ペーストで残りの「頻度」列の値を埋めます[12]。

図 3.4.2　Frequency 関数を用いて階級ごとの度数を表す「頻度」列を作成

	A	B	C	D
			fx	=FREQUENCY(B:B,C2:C10)
1	製品番号	売り上げ (万円)	データ区間	頻度
2	1	1816	200	5
3	2	1655	400	5
4	3	373	600	4
5	4	770	800	5
6	5	1125	1000	3
7	6	71	1200	4
8	7	773	1400	3
9	8	471	1600	4
10	9	1804	1800	8
11	10	256	2000	6
12	11	1165		

累積を折れ線で重ね表示したい場合、E 列にその計算をすればよいのですが、ここでは省略します。

4. 次に、データ区間、頻度の 2 つの列でヒストグラムを作ります。集計したい列とデータ区間を選択し、［メニュー］＞［挿入］＞［グラフ］＞［縦棒］を選びます[13]（**図 3.4.3 左**）。ツールバーから縦棒グラフを選ぶこともできます（**図 3.4.3 右**）。

---

[12] 1800-2000 なので、C11 までではなく C10 までです。C11 まで関数に含ませると、2000 を超えた区間が作れられます。

[13] FREQUENCY 関数を使って半手動で行うこの方法①では、グラフの種別で「ヒストグラム」ではなく「縦棒」を選びます。新しいバージョンの Excel にはグラフ挿入の選択肢に「ヒストグラム」があり、この「ヒストグラム」機能は、データ区間を自動設定してくれるのですが、中途半端な値で区間を区切ってしまい、修正しにくいのです。

図 3.4.3 （左）メニューから縦棒グラフを挿入　（右）ツールバーから縦棒グラフを
　　　　 挿入

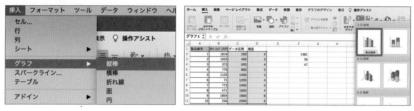

　5. デフォルトの設定では横軸に「1、2、3、…」、縦軸に C 列と D 列のデー
タを並べた棒グラフになってしまいます。よって、**グラフの設定を編集**する
必要があります（図 3.4.4）。X 軸を C 列（データ区間）、Y 軸を D 列（頻度）
になるように設定します（図 3.4.5）。

図 3.4.4　プロットエリアを右クリックし、「グラフデータの選択」を選ぶ

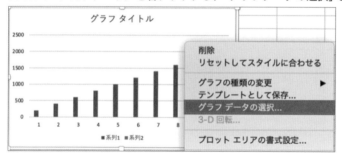

図 3.4.5　グラフデータの編集：X 軸（「横（項目）軸ラベル」）には「データ区間」の
　　　　 セル範囲を、Y 軸（「Y の値」）には「頻度」のセル範囲を設定

これで、目的とするデータ分布を示す図が得られました。しかし、棒と棒の間の間隔が広すぎて、「ヒストグラムらしさ」が足りませんね。

ということで、**棒の間隔を縮ませましょう**。

棒をクリックして棒全体が選択された状態にして、[書式]タブ＞[書式設定]ウィンドウを開きます。要素の間隔を0もしくは（隙間線が少し欲しい場合）適当に5%前後に設定します（図3.4.6）。

これでヒストグラムっぽくなりましたね！

図 3.4.6　データ系列の書式設定を行うことで、棒の間隔を縮めてヒストグラム形式に変換する。

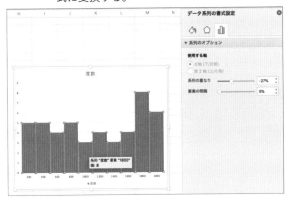

≫ 手法②　Excel の分析ツールにあるグラフ作成機能を使う

Excel のアドインで分析ツールを追加します（アドインの分析ツールの追加方法は、4.5.1（P165 〜 168）参照）。ツールバーで［データ］＞［データ分析］を選び、出てくるメニュー・ウィンドウから［ヒストグラム］を選びます（図3.4.7）。

図 3.4.7　Excel のデータ分析ツールからヒストグラムを選ぶ

そうすると、図3.4.8 のような画面が出てきます。これは、データ分析ツールを使ってヒストグラムを挿入する場合のグラフデータ設定画面です。この画面で入力範囲とデータ区間を指定します。

図 3.4.8　データ分析ツールを使ってヒストグラムを挿入した場合のグラフデータ
　　　　　設定画面

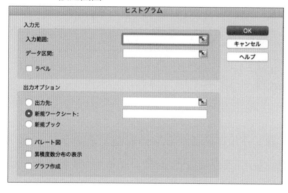

図 3.4.9 が行われるべき設定です。

入力範囲は売り上げの B 列、データ区間は手動で作成した C 列です。

ラベルにチェックを入れると、選んだ範囲の1行目にヘッダー（表の見出し）があると認識され、2行目からデータの集計が行われます。

また、ヒストグラムも描きたい場合は「グラフ作成」に、累積の折れ線を作りたい場合、「累積度数分布の表示」にもチェックを入れてください。

図 3.4.9　分析ツールのヒストグラムのデータ設定画面

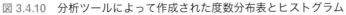

グラフのデータを設定し OK を押すと、図 3.4.10 のような結果が新しい
シートに現れます。左側には**自動的に作成された度数分布表**（頻度の列、累
積の列）、右側には**度数がヒストグラムで、累積が折れ線で重ねたグラフ**が
作成されます。

図 3.4.10　分析ツールによって作成された度数分布表とヒストグラム

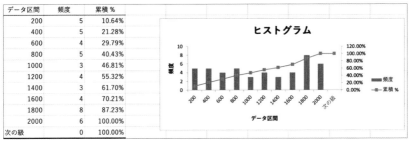

データ区間	頻度	累積 %
200	5	10.64%
400	5	21.28%
600	4	29.79%
800	5	40.43%
1000	3	46.81%
1200	4	55.32%
1400	3	61.70%
1600	4	70.21%
1800	8	87.23%
2000	6	100.00%
次の級	0	100.00%

　最後に書式設定です。自動的に作成されたグラフは、棒の間に隙間がある
ため、ヒストグラムっぽさがなく、棒グラフに見えてしまいます。よってヒ
ストグラムっぽく見えるように、ビンサイズ（棒の間の間隔）を調整します。
図 3.4.6 と同様のやり方です。

図 3.4.11　ヒストグラムの棒の間隔を調整

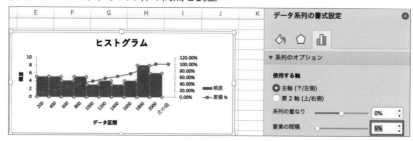

　さらに、累積の％表示が小数点以下2桁と表示形式が長すぎるので、図 3.4.12、図 3.4.13 のように、％表示の軸をクリックし、[メニュー]から[軸の書式設定]＞[表示形式]にて小数点以下の桁数を0にします。

図 3.4.12　小数点表示を調整したい軸の書式設定画面を出す。

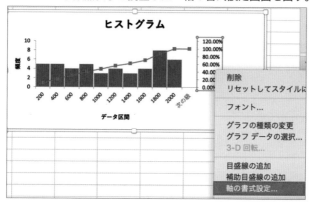

図 3.4.13　軸の書式設定にて、表示形式の「小数点以下の桁数」を0にする。

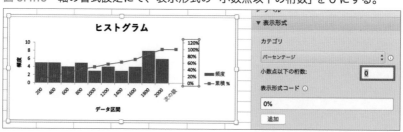

著者は mac OS を使用しており、上で貼り付けた画像は mac OS の Excel のものになっています。Windows OS 用の Excel、もしくは無償の Google Spreadsheet を使っている場合も、似たような機能があります。

3.4.2 ヒストグラムから読み取れる値

3.1 節（P.86）で学んだ平均値や中央値や最頻値などの代表値は、ヒストグラムから読み取ることができます。この洞察はデータ分布の解釈に役立ちます。

データが階級に分けられているため、実データから求めた値に比べて多少の誤差はあります。

ここでは、3.4.1 節で作成したヒストグラムを具体例に用いて解説します。

平均値の計算に使う指標は階級値です。**各階級の中央の値**にすることが多く、**式 3.4.1** で求められます。

$$\frac{（階級の上限値）+（階級の下限値）}{2} \qquad 式3.4.1$$

例えば、3.4.1 節で作成したヒストグラム（下図の右側）において、1200 〜 1400 の区間の階級値は $(1200 + 1400) / 2 = 1300$ です。

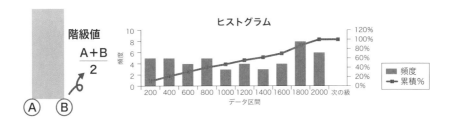

≫ ヒストグラムから (おおよその) 平均値を求める

平均値は、階級ごとの度数を**式 3.4.2** に代入することで求められます。
度数の合計はデータ総数に等しいです。

$$\frac{(\text{階級値} \times \text{度数})\text{の合計}}{(\text{度数の合計})} \qquad \text{式3.4.2}$$

ただし、注意が必要なのは、これはあくまでも「おおよその平均値」です。
**幅のある階級でまとめられたヒストグラムや度数分布表からは、中央値のみ
正確に求めることができ、平均値、分散、標準偏差を正確に求めることはで
きません。**これは、区間ごとにデータがまとめられることによって、元の
データの細かい数値の情報の一部が失われているためです。

≫ ヒストグラムから最頻値を求める

最頻値とは、もっとも度数が高い階級における階級値のことです。とても
見つかりやすいでしょう。ヒストグラムから一眼で一番高い場所を見つけ、
該当する階級の階級値をとってくればよいのです。

≫ ヒストグラムから中央値、分散、標準偏差を求める

中央値と分散、標準偏差を求める場合、まずは、ヒストグラムを見なが
ら、Excel などの表計算ソフトの上でデータを大きさ順に並べます[14]。あと
は表計算ソフトで提供されている関数を利用して、各統計量を算出します。
具体的には後続の演習で見ていきましょう。

〈 演習 3.4.1 〉

以下のデータを使ってヒストグラムを作成するのにあたって、設定する階
級幅として、最も適切な選択肢を 1 つ選べ。

---

[14] 累積相対度数分布もグラフ化していれば、中央値は、累積 % が 50 % を初めて超える階級を探
せば良いので、並べ替える必要はありません。

12, 16, 17, 17, 24, 25, 25, 29, 33, 36, 39, 39, 40, 42, 45, 48, 51, 55, 55, 59, 64, 68, 72, 75

【選択肢】

1. 階級幅を 5 にする。

2. 階級幅を 10 にする。

3. 階級幅を 20 にする。

4. 階級幅を 25 にする。

解答・解説

選択肢 2 が正しい解答である。

　特別な事情がなければ、階級の数が 5 個以上 10 個以下の程度になるような幅に設定するのが一般的に望ましいとされています（※データの特徴によって例外がある）。明確なルールはないものの、ヒストグラムとはデータの分布を可視化するための手段であることを考慮すべきです。階級幅が広すぎる場合、多くのデータが同じ階級に入ることになり、データの分布や傾向を読み取りづらくなります。他方で、階級幅が狭すぎる場合、データが 1 つも存在しないような階級が多くなり、細かくギザギザしたヒストグラムになってしまいます。

　この問題の場合、最小のデータが 12、最大のデータが 75 なので、10 ～ 80 の範囲で、階級幅を 10 としてヒストグラムを作ることを妥当とします。

演習 3.4.2

　下図のヒストグラムにおいて、1200 ～ 1400 の区間の階級値は選択肢のうちどれか？

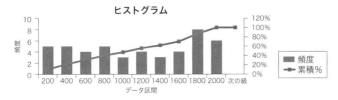

【選択肢】

1. 1200

2. 1400

3. 1300

4. 1200 から 1400 の間の任意の値でよい

解答・解説

選択肢 3 が正しい解答である。

式 3.4.1 を用います。階級値とは**各階級の中央の値**であり、以下の式で求められます。

$$\frac{(階級の上限値)+(階級の下限値)}{2}$$

この問題の場合、1200 〜 1400 の区間の階級値は （1200 ＋ 1400）/2 ＝ 1300

演習 3.4.3

以下のヒストグラムが与えられた際に、**式 3.4.2** を使っておおよその平均値を読み取りみましょう。

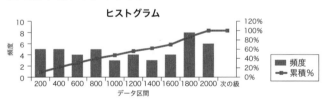

解答・解説

平均値は、**式 3.4.2** を使うと、$\dfrac{(階級値 \times 度数)の合計}{(度数の合計)}$ なので、

$(100 \times 5 + 300 \times 5 + 500 \times 4 + 700 \times 5 + 900 \times 3 + 1100 \times 4 + 1300 \times 3 + 1500 \times 4 + 1700 \times 8 + 1900 \times 6)/47 \fallingdotseq 1053$

これは幅のある階級でまとめられたヒストグラムから求められた値なの
で、おおよその「平均値」です。

演習 3.4.4

下図は、15人の生徒のテストの得点（5点満点）をまとめたヒストグラム
である。15人の得点の平均値、中央値、分散、標準偏差を求めよ。

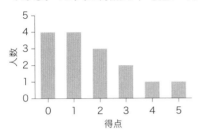

解答・解説

Excel または Google Spreadsheet の上に15人の点数を大きさ順に並べます。
次に、Excel の関数を用いて各統計量を求めます。

```
0 0 0 0 1    平均値    =AVERAGE(A1:E3)    1.666666667
1 1 1 2 2    中央値    =MEDIAN(A1:E3)               1
2 3 3 4 5    分散      =VARP(A1:E3)               2.2
             標準偏差  =STDEVP(A1:E3)             1.5
```

別解

平均値は、式3.4.2を使うと、

$$\frac{(階級値 \times 度数)の合計}{(度数の合計)}$$

$(0 \times 4 + 1 \times 4 + 2 \times 3 + 3 \times 2 + 4 \times 1 + 5 \times 1)/15 = 1.66667$

〈 **演習 3.4.5** 〉

　下図は、20 人の生徒のテストの得点 (100 点満点) をまとめたヒストグラムである。20 人の得点の中央値はどの範囲にあるか。

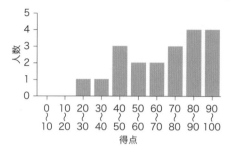

解答・解説

　ヒストグラムからデータを読み取り、度数分布表にすると下表の通りです。

	度数		度数
0 ～ 10	0	50 ～ 60	2
10 ～ 20	0	60 ～ 70	2
20 ～ 30	1	70 ～ 80	3
30 ～ 40	1	80 ～ 90	4
40 ～ 50	3	90 ～ 100	4
		合計	20

　20 人なので、中央値 10 番目と 11 番目の得点の平均値です。

　0 ～ 70 点までで 9 人、0 ～ 80 点で 12 人いますので、10 番目と 11 番目はともに 70 ～ 80 点の間にあります。

　よって中央値も 70 ～ 80 点の間となります。

3.4.3 ヒストグラムと棒グラフの違い

ヒストグラムと棒グラフは似ていますが、データが示す意味は全く異なり

ます。

　単純に棒と棒が離れているのか、くっついているのか、だけではありません。本質はデータの解釈にあります。

　棒グラフでは、棒の一本一本が独立しているデータです。それらの独立なデータ（群）を比較するために棒グラフを使います。たとえば、地域別の人口、支店ごとの売上、商品やカテゴリごとの人気度などを並べて可視化すると比較しやすくて便利です。

図 3.4.13　　書籍ジャンルごとの販売数を示す棒グラフ

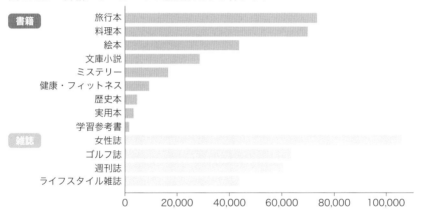

　これに対して、ヒストグラムが示すのは**全データの分布や内訳**です。それぞれの区間の内訳は、よく見ると棒状であっても、連続性をもたらしています。ヒストグラムからデータの分布を解釈することで、様々な判断や対策の助けになります。例えば、ある街のビジネスホテルの一泊あたりの宿泊料金のヒストグラムから、この町に宿泊するのか、それとも、少し歩いて、分布が低い方に位置している（つまり宿泊料金の安価な）隣の町にするのか、といった視点での判断材料となります。

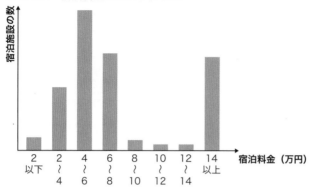
図 3.4.14　宿泊料金のヒストグラム

もう1つの重要な違いがあります。

　棒グラフの横軸には順番の決まりがありません。そもそも「カテゴリ」とは順序に意味のない「名義尺度」なので、カテゴリの順番を自由に変えることができます。例えば、棒が高い（数値が大きい）順または棒が低い（数値が小さい）順に並べ替えると棒グラフがスッキリ見えたりします。

　これに対して、ヒストグラムは、**必ず横軸を階級、縦軸を度数**にする必要があります。また、**横軸の階級の順番を変えてはいけません**。これこそが、ヒストグラムで分布を可視化するための重要な約束事です。

　今後「棒グラフとヒストグラムはどう違うのか？」と突然質問された時に、本質を押さえながら答えられると良いですね。

Date　/　/

3.5　相関関係と共分散

　ここまでは1変数に着目して統計量をみてきました(例:「年収」の平均値)。ここからは2つの量的変数(例:「年収」と「在籍年数」)の関係を観察していきましょう。

　2つ変数が互いにどのように対応しているかを相関関係と呼びます。相関関係の有無や強さを見える化するときに散布図が便利です。

　散布図は、座標平面(または空間)内のデータ点の分布として表現されます。(例)図 3.5.1 では2種類の商品の売上個数を散布図としてプロットしています。商品 A が多く売られるほど商品 B も多く売られる傾向があるように見えます。本当にそうなのかどうか、観察した傾向を定量的に確認する手段を後ほど学びます。

図 3.5.1　商品 A と商品 B の売上個数を散布図に表す

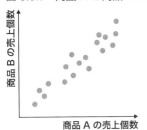

3.5.1　散布図のメリットを実感

　表 3.5.1 は各ホテルに対する満足度調査のアンケートデータです。複数の評価項目があります。表の数値を眺めているだけでは何が言えるのかわからないので、ここでデータを散布図として視覚化しましょう。

表 3.5.1　満足度調査のアンケートデータ（データは架空のもの）

ID	従業員の親切さ	部屋の清潔感	寝心地	朝食の質
1	5	4	4	3
2	3	3	3	5
3	5	4	4	5
4	4	5	4	5
5	3	3	4	3
6	2	2	1	2
7	5	5	4	5
8	4	5	5	4
9	3	4	4	4
10	3	5	3	5
11	5	4	4	3
12	4	3	3	5
13	4	3	4	3
14	3	4	4	4
15	3	4	5	3

【散布図の手動での作成手順】

1. 検討したい2つの変数を特定する。
2. 座標平面上に互いに直交する2つの軸（X軸とY軸）を設け，その各々の上に適当な間隔で目盛りをつける。
3. 説明変数をX軸，目的変数をY軸にする。
4. 各データに対し、座標平面上に点を打つ。
5. 必要に応じて、外れ値や異常値の修正または採用／不採用を検討する。

　上記は表の数値を1つずつ手動で座標平面上にプロット（点を打つこと）していく方法です。データ量が大きい場合これが難しくなるので、代わりに

Excel のグラフ作成の機能（散布図作成の機能）を利用するとよいです。

以下の**図 3.5.2**、**図 3.5.3** はデータ 3.5Scatter_plot_data.xlsx（P.10「ダウンロード」）を用いて、Excel でグラフを挿入することで散布図を作成する様子です。

サンプル名：3.5Scatter_plot.xlsx

ここでは、**図 3.5.2**（左）のように X 軸と Y 軸にしたいデータ項目の列を選択し、メニューなどから散布図を挿入します。ここでは、アンケート回答者の一人一人について、X 軸（横軸）に「従業員の親切さ」、Y 軸（縦軸）に「部屋の清潔感」をプロットします。

図 3.5.2　Excel でグラフ挿入することで散布図を作成する様子

（左）X 軸と Y 軸にしたいデータ項目の列を選択し、メニューなどから散布図を挿入。（右）万が一 X 軸と Y 軸のデータが意図していたものではなかった場合、データエリアを右クリックし、グラフデータの範囲の調整を行うことができる。

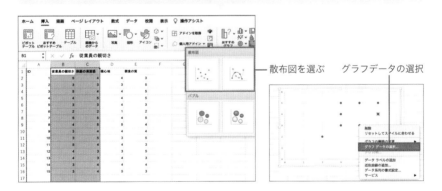

必要に応じて**図 3.5.2**（右）のようにグラフデータの範囲の調整を行います。

また、**図 3.5.3** のように、「データ系列の書式設定」からデータ点の大きさや色などの調整ができ、見やすさを改善できます。

結果は**図 3.5.4** のようになります。散布図を作ることにより、表の数値だけでは見えにくい軽い正の相関（正の相関について P.142 参照）に見える関係性が浮き彫りになります。

図 3.5.3　データ要素の書式設定

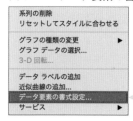

| 系列の削除 |
| リセットしてスタイルに合わせる |
| グラフの種類の変更　▶ |
| グラフ データの選択... |
| 3-D 回転... |
| データ ラベルの追加 |
| 近似曲線の追加... |
| データ要素の書式設定... |
| サービス　▶ |

散布図の上のデータ点を右クリックし、メニューから
「データ系列の書式設定」を選び、図 3.5.4 の右側のよ
うなパネルからマーカーの色やサイズを変更できる。

図 3.5.4　書式設定後にできた散布図

ここでは X 軸（横軸）に「従業員の親切さ」、Y 軸（縦軸）に「部屋の清潔感」
をプロットしており、両者の間に軽い正の相関に見える関係性があります。

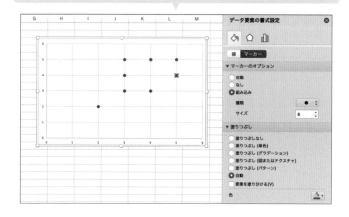

3.5.2　散布図の解釈

　散布図からは「正の相関」や「負の相関」などの傾向を把握することができ
ます。

「正の相関」：一方が増えれば、他方も増加するような関係性
「負の相関」：一方が増えれば、他方が減少するような関係性
「無相関」：正の相関とも負の相関とも言えない結果

無相関でなくても、正または負の相関が「弱い」こともあります。散布図を解釈する上で、すぐに結論に飛びつかないことが重要です。

要注意なのは、一見何らかの相関がありそうに見えて、実は相関がないという「**疑似相関**」のケースです。Chapter 7 ではこの点についてより深く解説します。

- X 軸、Y 軸の取り得る値の種類がデータ数に比べて少なく、それによって、同じ位置に多数の点がプロットされてしまう場合、相関関係について結論にたどり着けないことがあります。
- 相関関係とはあくまでも「現象」であり、そこから要因を探ることが大切です。
- 散布図上の 2 つの変数は独立であることもあり、相関関係があっても、因果関係が必ずしもあるわけではないことに注意が必要です（Chapter 7 の P.278 参照）。

3.5.3　共分散と相関係数

図 3.5.1 において、「商品 A と商品 B の売上個数に正の相関がある」ことを示すためには、相関係数を計算します。

相関係数とは、**2 つの変量の相関の強さを -1 から 1 の間の数で表現した指標**です。相関係数を計算することで、散布図から見える 2 変数の関係をたった 1 つの数値で表すことができ、「相関はこれだけ強いのだ」、「A と B の相関は A と C の相関よりも強い」のような定量的な主張ができるようになります。

相関係数には様々な種類があり、その中で最もよく使われるこの相関係数をピアソンの積率相関係数と言います。名称に「積率」がつく理由を次ページにある計算式から理解していきましょう。

まず図 3.5.1 を 4 つの領域に分割します(x と y の平均値で分割する)。これを整理したものが図 3.5.6 です。ここからわかることは、①と③の領域にデータ点が多く、②と④の領域にはデータ点が少ないです。すなわち、商品 A が売れた日には商品 B も売れているということです。

図 3.5.6　散布図を 4 領域に分割し、各領域における 2 変数の関係性を観察

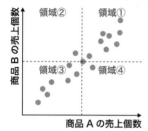

領域	商品 A の売り上げ	商品 B の売り上げ
①	多い	多い
②	少ない	多い
③	少ない	少ない
④	多い	少ない

ここで、データ点 (x,y) に関する偏差の積に着目しましょう(式 3.5.1)。

$$(x - \bar{x})(y - \bar{y}) \qquad 式 3.5.1$$

x、y の上についている「バー」が平均を表します。

式 3.5.1 から x, y とその平均との大小関係について何か気付きますか?

偏差とはデータ点と平均の差分です。2 変量がともに各々の平均より大きい場合、あるいは、ともに各々の平均より小さい場合、式 3.5.1 は正になります。逆に、2 変量の一方だけが平均より大きく、もう一方が小さければ、偏差の積は負になります。

ここでのポイントは、正または負の数同士を掛けると正になり、正の数と負の数を掛けると負になることです。

次に着目したい指標は共分散です。共分散は式 3.5.2 のように計算され、偏差の積を全データについて足し合わせて、データの個数 n で割り算したものです。

　共分散は相関係数にたどり着く一歩前の指標です。相関の強さはデータの数に影響されてはいけないために[15]、データ数 n で平均化する必要があります。

$$S_{xy} = \frac{1}{n}\sum_{i=1}^{n}(x_i - \bar{x})(y_i - \bar{y}) \qquad \text{式3.5.2-1}$$

$$S_{xy} = \frac{1}{n}\{(x_1 - \bar{x})(y_1 - \bar{y}) + (x_2 - \bar{x})(y_2 - \bar{y}) + \cdots + (x_n - \bar{x})(y_n - \bar{y})\} \qquad \text{式3.5.2-2}$$

　「偏差の積」が正の値をとるデータに比べて、「偏差の積」が負の値をとるデータが多いほど[16]、「偏差の積」を全部足し合わせた総和（**式3.5.2**）も負になります。言い換えると、「**負の相関が強い**」とは、「**2 変量のうち一方だけが平均より大きく、もう一方が平均より小さい**」データが多い状態といえます。正の相関についても同様な理解です。

　共分散を使うことで、2 つの商品の売り上げの間の関係性が大体わかりそうです。しかし、この共分散の単位は x の単位と y の単位の掛け合わせになるので、相関を表す指標としてまだ完璧ではありません。「相関の強さ」は、データの単位や桁数に影響されない数値で表現できることが好ましいのです。

　さらに、**式3.5.2** では、x と y の平均からのズレがそのまま使われているので、x と y の標準偏差が違うと x と y の扱いが不平等になってしまいます。

　この問題を解決するために、**共分散を各変数の標準偏差の積で割った（正規化した）**値を、相関係数 r として定義し、「相関の強さ」の指標として使います（**式3.5.3**）。

相関係数 r　＝　（共分散）/（標準偏差の積）

$$r_{xy} = \frac{S_{xy}}{S_x S_y} = \frac{1}{n S_x S_y}\sum_{i=1}^{n}(x_i - \bar{x})(y_i - \bar{y}) \qquad \text{式3.5.3}$$

---

[15] 偏差の積を足し合わせるだけだと、データの数に影響を受けます。「相関の強さ」の指標としては、データの数に影響されないものが好ましいです。よって、データ数 n で割って、データ数の影響を受けないようにします。

[16] 厳密にいうと、データが多いほどではなく、その「偏差の積」の大小を考慮に入れる必要があります。

ここで、S_x と S_y は x と y のそれぞれの変量の標準偏差であり、**式3.1.2** に従って計算されます。こうすることで、**相関係数は共分散の符号を維持しつつ、値が−1から1までの範囲内に収まるという性質を持ち、「相関の強さ」の良い指標となるのです。**

≫ 相関係数の解釈

　一般的に、次のような基準で相関係数をもとに相関の強さを判断します。

r≤−0.6	の場合：負の相関が強い
−0.6≤r≤−0.2	の場合：負の相関がある程度見られる
−0.2≤r≤0.2	の場合：相関がなさそう
0.2≤r≤0.6	の場合：正の相関がある程度見られる
0.6≤r	の場合：正の相関が強い

　2商品の売上個数の関係の例では、**図 3.5.7** のように解釈することができます。

相関が正 → 商品 A の売り上げが増えると商品 B の売り上げも増える傾向
相関が負 → 商品 A の売り上げが増えると商品 B の売り上げは減る傾向
相関がない→ 商品 A の売り上げと商品 B の売り上げが無関係

図 3.5.7 　（左）正の相関が強い＝相関係数が 1 に近い（中）負の相関が強い ＝ 相関
　　　　　　係数が -1 に近い

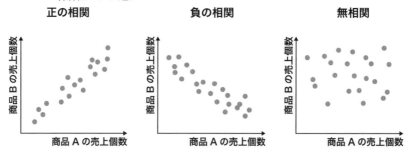

3.6　クロス集計表

　クロス集計表とは、データの２つの属性を２軸で度数を集計した表です。散布図は数値データのみプロットできるのに対し、クロス集計表は**質的データのみ表現**できます。

　Excelのピボット機能を使うとクロス集計表を楽に作れます。

　クロス集計表から、２つの条件を満たすデータの数を一目で把握できます。また、ある程度のデータ量があれば、クロス集計表から**確率を計算**できます。

　ここで、積事象（２つの現象が同時に起こる確率）が発生する確率を相対度数として算出してみましょう。

　図3.6.1の上側には、首都圏在住の500人に「子供がいるか」と「東京23区に住んでいるのか」を質問したアンケートの結果があります。なお、子供の両親のどちらかのみ回答できると仮定します。図3.6.1の下側はこのデータをクロス集計表にしたものです。２つの軸のそれぞれは「子供がいるか」と「東京23区に住んでいるのか」という質的変数を代表しており、2×2のセル（表のマス目）には該当するデータの個数が整理されています。

図 3.6.1　首都圏在住 500 人へのアンケート結果をクロス集計表にまとめた例

ID	子供の有無 （1：有　0：無）	東京 23 区住まいかどうか （1：有　0：無）
A0001	1	0
A0002	0	1
A0003	1	1
A0004	1	0
: :	: :	: :
A0500	0	1

↓

	子供がいる	子供がいない
東京 23 区在住	83	135
東京 23 区以外の 首都圏在住	192	90

ここで、このクロス集計表を用いて、以下の確率を算出してみましょう。

• 任意の回答者に子供がいる確率
• 任意の回答者に子供がいて、かつ 23 区に住んでいる確率

解答・解説

• 子供がいる確率

$(83 + 192) / (83 + 192 + 135 + 90)$

$= 275/500 = 55\%$

• 子供がいて、23 区に住んでいる確率

$83/ (83 + 192 + 135 + 90)$

$= 83/500 = 17\%$

Chapter 4

回帰分析

　回帰分析とは、ビジネスにおいて最も多く使われているデータ分析手法の 1 つです。そのシンプルさ、分析結果の説明のしやすさなどが人気の理由です。回帰分析の中で特に主流なのが線形回帰です。線形回帰では、予測したい量を、データにある他の変数との直線的な対応関係によって説明しようとします。

　回帰分析で使われるモデル（回帰方程式）として、数学的に扱いやすい多項式がよく使われます。この章では、線形回帰の概要を説明し、演習では Excel を用いて回帰モデルを求め、それを将来予測に使います。

4.1 線形回帰

線形回帰とは、1つ以上の説明変数を使用して、連続値である目的関数を予測するための手法です。「目的変数」とは、予測したい値のことであり、「説明変数」とは予測の手掛かりとなる変数(特徴量)のことです。この節では単回帰分析と重回帰分析について学びます。

4.1.1 単回帰分析

単回帰分析(Simple Regression Analysis)とは目的変数を1つの**説明変数**だけで予測しようとする線形回帰分析です。単回帰分析モデルを表す式は以下の通りです。

$$Y = a \cdot X + b \quad \text{式 4.1.1}$$

ここで、X は説明変数、Y は目的変数、a と b は回帰係数です。中学の数学で学ぶ一次関数と同様に、a を「傾き」、b を「切片」や「オフセット」と呼ぶことがあります。**傾き a は説明変数の予測したい量への「影響度」**を表し、その絶対値が大きければ大きいほど、X が増減した際に Y が「引きずられて変化」する程度が大きくなります。

$$\text{Y} = \underset{\uparrow}{\text{a}} \cdot \text{X} + \underset{\uparrow}{\text{b}}$$

傾き　切片

回帰係数は「パラメータ」や「重み」など、様々な呼び方があります

　図 4.1.1 は単回帰分析を表す図です。ここではデータ点 (X, Y) が二次元に散布しており、この分布に式 4.1.1 の**直線式を当てはめ、分布を良い具合に表現できる傾き a と切片 b を定める**ことで、単回帰モデルを導き出します。決定後のモデルは回帰方程式と呼ばれ、将来予測に使うことができます。回帰直線の式に将来のデータ X の値を代入すれば、予測値 Y が得られます。

　単純な例を挙げましょう。X 軸に「日毎の平均湿度」があり、それを用いて、Y 軸にある「洗濯物が乾くまでの時間」を予測するタスクは、単回帰分析になります。仮に過去のデータを用いて求められた回帰方程式が $Y = 3 \cdot X + 60$ とすると（Y の単位は［分］、X の単位は %）、湿度 30% の日は洗濯物が乾くまでにかかる時間は 150 分（2.5 時間）と見積もることができます。

図 4.1.1　直線式にデータ X を代入すると Y の予測値が求まる

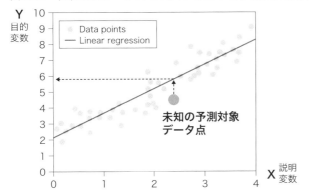

4.1.2　重回帰分析

　重回帰分析（Multiple Regression Analysis）とは**複数の説明変数から目的変数を予測**する線形回帰です。重回帰分析モデルを表す式は以下の通りです。

$$Y = a_1 \cdot X_1 + a_2 \cdot X_2 + \cdots + a_n \cdot X_n + b \qquad \text{式 4.1.2}$$

　ここで、a_i (i = 1, 2, …, n) は偏回帰係数と呼ばれ、各説明変数の予測した

い量への影響度を表します。言い換えると、注目の変数以外の変数を固定し、その変数だけを動かしたときに得られる目的変数の変化量です。**偏回帰係数の大小を比較することで、どの変数が予測に重要かを推測できます**[1]。切片のbは、「X_1, X_2…X_n がすべて0の時のYの値」を表します。

　図4.1.2は重回帰分析を表した図です。ここでは簡単のために説明変数をX_1, X_2 の2つだけにしました。この場合、データを X_1, X_2, Y の3次元空間で考えます。説明変数が1つ増えるたびに、データが分布する空間の次元が1つ増えます。図4.1.1のような平面上に表せる散布図ではなくなったものの、3次元空間の中で、回帰方程式 $(Y = a_1 \cdot X_1 + a_2 \cdot X_2 + \cdots + a_n \cdot X_n + b)$ を求めることができます。

　説明変数が3つ以上になった場合は、これ以上、平面や空間にプロットすることはできなくなりますが、データ点を「4次元以上の空間」における座標点として扱います。

図4.1.2　X_1, X_2, Y の3つの変数で張られる空間の中で分布するデータ点に平面を当てはめることで求められる重回帰方程式

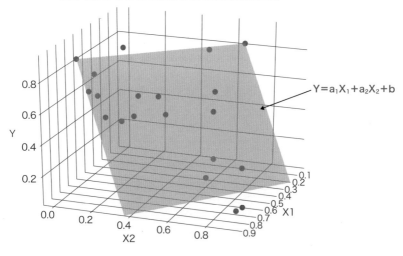

---

[1]　厳密にいうと、標準化してはじめて係数の大小から予測への寄与を推測できます。

　重回帰分析の場合は、多重共線性（Multicollinearity）に注意する必要があります。多重共線性とは、**分析に用いた説明変数の中に、お互いに強い相関がある組み合わせがあるとき、分析の予測精度が著しく下がってしまう現象**を指します。2変数の相関係数を計算した結果、**相関係数が1または-1に近い場合、相関が高い**といいます。分析に使う変数（特徴量ともいう）を、相関の高さに注意して選別すべきです。2変数の相関は Chapter 3 でも扱いました。

　図 4.1.3 に、多重共線性が起きている例を示しています。ここで、目的変数である「リピート購入回数」を予測する重回帰モデルを、4つの説明変数と定数項の線形結合として立てようとしています。「価格」と「ポイント還元率」は両方ともある意味で価格に関する変数なので、この2つの変数の相関が高い仕組みになっていたとします。両方とも回帰モデルの説明変数として使われる場合、多重共線性が起きる可能性は人いにあります。

図 4.1.3　説明変数の「価格」と「ポイント還元率」の相関が高いため、「多重共線性」が起きている。データ次第で精度低下が起こることがある

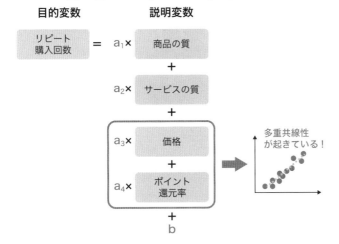

　変数間で何らかの関連性があるのはよくあることなので、多重共線性を常に完全に防ぐことは難しいのです。手軽に多重共線性を調査する方法の1つ

は、図 4.1.4 にあるような**散布図行列（ペアプロット）を作る**ことです。全種類の変数間の相関を散布図の形で一括に俯瞰することができます。

　多重共線性の視点だけではなく、予測対象である**目的変数との相関を観察**することで、分析に効果的な変数を選んで、分析モデルに入れることができるようになります。

図 4.1.4　散布図行列を作ることで、変数間の相関関係を一気に俯瞰できる

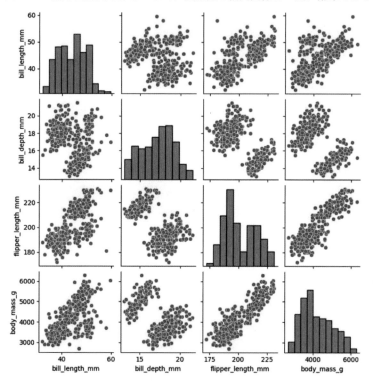

多重共線性は「Multicolinearlity：マルチコリニアリティ」と英語でいうので「マルチコ問題」と呼ばれています。重回帰モデルの予測精度がなかなか上がらない場合は、マルチコ問題を疑った方がいいですね。

4.2 線形回帰と非線型回帰の違い

　先ほど述べた「単回帰分析」と「重回帰分析」は、線形回帰のモデルで説明されます。ここで、「線形」と呼ばれる理由は、**説明変数と目的変数の間に「線形な関係」（変数の線形結合でモデリングできるような関係）を仮定した分析モデルであるからです。**（式 4.1.1）や（式 4.1.2）では、**目的変数 Y は説明変数 X_1, X_2, …, X_n の線形結合**として表されます。また、この関係性を表す関数をグラフにすると直線になります。直線的な関係であることは、**説明変数の変化に合わせて目的変数が変化する割合が常に一定であることと等価**です。

　対照的に、非線形回帰では、非線形関数を使って説明変数と目的変数の間の関係性を表します。例えば、対数関数や平方根などは非直線（非線形）の関数です。

　ロジスティック回帰も非線形回帰の代表的な手法の１つです。目的変数は、ある事象が発生する確率を表しています。説明変数 X_1, X_2, …X_n と目的変数 Y を結ぶロジスティック回帰の関数の形は以下のようになります。

$$Y = \frac{1}{1 + e^{-(a_1 \cdot X_1 + a_2 \cdot X_2 + \cdots + a_n \cdot X_n + b)}}$$　　式4.2.1

　ロジスティック回帰分析の偏回帰係数 a_i（$i = 1, 2, \cdots, n$）と b は、後ほど 4.4 で学ぶ最小二乗法を用いて求めることができます。

　一部の文献では、ロジスティック回帰が「一般化線形モデル」と呼ばれています。ただし、著者は、「一般化線形モデル」を y が x について１次の関数として表せるものと定義されているように解釈します。とても単純にいうと、y = f (x) が直線なら線形、それ以外なら非線形と考えれば、ほとんどの

場合大丈夫でしょう。ただし、世の中には用語の定義が曖昧なまま使われているものが実に多く存在するので、要注意です。名称そのものよりも、各関数の振る舞いや特性など本質的な要素に目を向けましょう。

結局、ロジスティック回帰を「非線形」と表現しているのはなぜですか？

単回帰分析や重回帰分析の式と比較するとわかりやすいのですが、ロジスティック回帰分析では、指数関数が使われており、Y（目的変数）がx（説明変数）の線形結合として表されないからです。

念のために確認しますと、説明変数と目的変数のグラフが直線じゃないから非線形で合っていますよね？

ざっというとその理解で大丈夫です！ 線形結合は $Y = a_1 \cdot X_1 + a_2 \cdot X_2 + \cdots + a_n \cdot X_n + b$ のような形の関数で表されるものです。逆にいうとそれ以外は非線型関数と思ってよいです。

4.3 回帰分析の具体的な手法

　この節では、Chapter 1 の 1.2 節にも登場した「1 日の最低気温と鍋の素の売り上げ額」の例を使って回帰モデルの求め方と将来予測への使い方を示していきます。

　図 4.3.1 のような、過去の「1 日の最低気温」と「店 A の 1 日の鍋の素の売り上げ額」を記録したデータがあります。使用するデータは "temp_nabe.xlsx"（P.10「ダウンロード」）です。データの対応関係をうまく直線モデル（**回帰方程式**または**回帰式**）で表すことができれば、将来は最低気温の情報から将来の売上を見積もれるようになります。

　図 4.3.2 では、このデータを、横軸に「最低気温」、縦軸に「鍋の素の売り上げ額」をとって、散布図としてプロットします（Excel または Google Spreadsheet などを使用）。散布図から、気温と売り上げの間には右下がりの関係（負の相関）が見えます。つまり、気温が低いほど鍋の素の売り上げが高くなる傾向が見られます。負の傾きを持つ右下がりの直線でこのデータを当てはめることができそうです。

図 4.3.1　回帰分析に用いられる、日付ごとの「1日の最低気温」と「店Aの1日の鍋の素の売り上げ額」のデータ (一部の行のみ表示)

日付	最低気温(℃)	鍋の素の販売金額(万円)
2020/10/20	18	16
2020/10/21	17	18
2020/10/22	20	14
2020/10/23	15	20
:	:	:
2020/11/10	7	43
2020/11/11	5	48
:	:	:
2021/12/1	入力値	予測値
2021/12/20	入力値	予測値

図 4.3.2　気温を横軸に、鍋の素の売り上げを縦軸にプロットした散布図

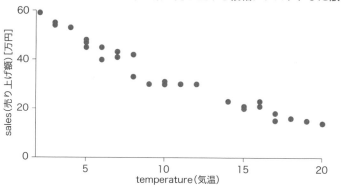

　将来予測に安心して使えるモデルを得るためには、感覚的に右下がりの直線を引くのではなく、数学的根拠のある式を求めたいものです。

　今回説明変数が「最低気温」の1つだけなので単回帰分析です。よって求める直線の形式は**式 4.1.1** の $Y = a \cdot X + b$ となります。今回の例では Y が目的変数の売り上げ、X が説明変数の気温です。回帰方程式を求めるというこ

とは、分布を良い具合に表現できる傾き a と切片 b を決定することです。

この後は、2つのアプローチで回帰方程式を求めていきます。

- 解析的（数学的）に求める
- Excel または Google Spreadsheet 上で求める

データ点に直線などの関数当てはめることを「フィット」(fit)や「フィッティング」(fitting)と呼ぶことがあります。例えば、科学実験の場では、英語で "Let's fit a exponential curve to this experimental data."（「実験データに指数関数をフィットさせましょう」）と言ったりします。

4.3.1 最小二乗法を用いて回帰式を求める

線形回帰において、回帰式を「解析的に / 数学的に」求めるために使うのは最小二乗法 (Least Square Method) です。

実務上、Excel や機械学習を使って回帰直線を作ることが多いので、最小二乗法をほとんど意識しなくなります。それでも、回帰分析の本質と深く関わるため、最小二乗法の概念を一度はしっかり理解していただきたいのです。

最小二乗法とは、以下のように描写することができます。

データとモデルの誤差の二乗の総和を最小にするような係数を求めることで、データを最もよく表す関係式を導き出す方法

誤差項の二乗和を最小にするとは、回帰式をデータに合うように調整することです。逆にいうと、回帰方程式がデータとよく合う場合、誤差項（の二乗和）が小さいはずです。

回帰方程式がデータとよく合う ⟷ 誤差項が小さい

最小二乗法の目的を簡単にいうと、散布図内のデータ全体の傾向を最も良く表現する回帰直線を数学的に求めることです。「データを最もよく表す」は学問的に「最も確からしい」や「最尤 (さいゆう)」とも呼ばれます。

ここから数学的な説明が少し続きます。後ほど簡単なデータを使ったより実感できる説明が続くのでご安心ください。

● なぜ最小二乗法と呼ぶのか？

最小二乗法とは、モデル関数を $f(x)$ とするとき、以下の量 L が一番小さくなるように $f(x)$ を求めることです[2]。

$$L = \sum_{i=1}^{n} \{y_i - f(x_i)\}^2 \qquad \text{式4.3.1}$$

この数量 L は誤差関数 (Error Function) と呼びます。他に、損失関数、ロス関数、誤差項の二乗和など、様々な呼び方があります。「実データの目的変数の値 y_i」と「説明変数 x_i に対する回帰直線モデルの y 座標 $f(x_i)$」の残差を二乗し、さらにその二乗誤差の量を全てのデータ ($i=1, 2, \cdots, N$) まで加え合わせることで求まります。

この計算を理解するために、図 4.3.3 の赤色の矢印のように、各データ点から直線への縦方向の距離に着目してみましょう。ここでは、X (最低気温) と Y (売上) の間の直線の関係を表す関数の形を得るために、誤差 (データ点と直線の間の縦軸距離) の二乗和を回帰係数の関数として求めています。

---

[2]　ここでは、数式を書くために、説明変数を小文字の x で記しています。図の X と同じ説明変数の意味です。

　全てのデータ点について、データ点と直線の縦軸距離の二乗を足した値の合計が式 4.3.1 の損失関数であり、これを一番小さくなるような直線が求めたい回帰直線です。

図 4.3.3　誤差（データ点と回帰式の縦軸距離）の二乗和を全データ点について足し
　　　　　合わせ、それを最小化することで回帰係数を求める

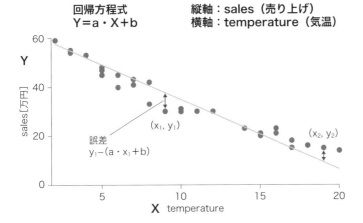

回帰方程式　　　　　　　縦軸：sales（売り上げ）
Y＝a・X＋b　　　　　　横軸：temperature（気温）

　この「距離」を具体的に数字で示してみましょう。例えば X = 15 [℃] に対する売上が 20 [万円] とします。X = 15 を式 $Y = a \cdot X + b$ に代入すれば、回帰直線上の対応する Y 値は $a \cdot 15 + b$ になります。その 2 点の距離は $20 - (a \cdot 15 + b)$ となります。同じ方法で全てのデータ点について、回帰式との縦軸距離を a と b と数値だけで表すことができます。これを二乗したものを全データで合計した量が最小になる、変数 a と b を求めるのでこの方法を「最小二乗法」といいます。

　一般的には、（距離の和ではなく）誤差項の「二乗」をとる理由は以下のように説明します。

　「距離が正でも負でも直線から離れているという点では同じであり、正の大きさと負の大きさを対等に扱うために二乗にします。」

なるほどです！ 今更ですが、誤差の二乗和を最小化することで回帰直線を求めることから、「最小二乗法」と呼ばれるのですね。

ちなみに、最小二乗法は回帰分析だけでなく、様々な分析手法において、モデルの最適化で使われています。

　この先は、**式 4.3.1** のように求められた誤差項の二乗和を最小化する計算を行います。結果からいうと、回帰式 $y = a \cdot x + b$ の係数の最適解は**式 4.3.2** のようになります。

　ここで $\bar{x}$、$\bar{y}$ は x, y のそれぞれの平均値、n はデータ件数、x_i、y_i は個々のデータ値です。

　この計算を行うには、高校数学で使う「微分」を使います。具体的には、誤差項の二乗和を、a と b でそれぞれ「偏微分」した式が 0 になるような方程式を解くことで、**式 4.3.2** の a と b の最適値が求まります。微分や偏微分のやり方は本書では割愛しますが、興味があれば「おわりに」で紹介している参考文献（P.290）をはじめとする参考書籍から学習・復習を行ってください。

$$a = \frac{\sum_{i=1}^{n} (x_i - \bar{x})(y_i - \bar{y})}{\sum_{i=1}^{n} (x_i - \bar{x})^2} \qquad b = \bar{y} - a\bar{x} \qquad \text{式4.3.2}$$

　上の式を決して暗記する必要はなく、最小二乗法の考えを用いてデータ点 (x, y) から回帰方程式を決定できるということを理解しておきましょう

　改めて、最小二乗法を使って回帰直線を求める手順を以下にまとめます。

> ⚙ **(参考) 最小二乗法による回帰係数を求める手順**
>
> 1. 目的変数と説明変数のそれぞれの平均値を求める
> 2. 各変数の偏差（実測値 − 平均値）を求める
> 3. 説明変数の分散（偏差の二乗平均）を求める
> 4. 説明変数と目的変数の共分散を求める
> 5. 4 の結果を 3 の結果で割ることで回帰直線の傾き（a）を求める
> 6. 変数の平均値と傾き（a）を用いて、回帰直線の切片（b）を求める

　式 4.3.2 をデータ "temp_nabe.xlsx" に適用し計算していきます。計算および可視化の結果は "temp_nabe_pred.xlsx"（P.10「ダウンロード」）にありますので、演習（P.183）の参考にご活用ください。

　結果は以下のようになります。

a	b
−2.524171762	59.75472771

　回帰式は大まかに $Y = -2.52 \cdot X + 59.75$ となります。

　図 4.3.4 の緑の直線が、この式に対応します。例えば、最低気温が 1℃ 下がるごとに、鍋の素の販売金額がおよそ 2.5 万円増える傾向にあることを読み取ることができます。

図 4.3.4　元のデータ点と求めた回帰方程式を重ねてプロットしたもの

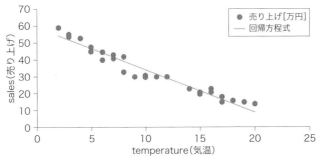

そして、回帰モデルに将来の X 値（最低気温）を代入すれば、予測値 Y（売上額）が得られます。

　例えば、気温（Temp）について 1.5 度や 3 度を求められた回帰式 $Y = -2.52 \cdot X + 59.75$ に入れると、予測値は次のようになります。

Temp　　　Prediction[3]
1.5　　　　55.96847007
−3　　　　67.327243

　このように、将来は天気予報に基づいて販売量を予測することで、入荷数、商品在庫、従業員の人数、投資額を調整できるなど、便利なことが増えます！

　上記の例は 1 つの説明変数のみで予測する単回帰ですが、さらに曜日、天気、イベント開催の有無などの変数を追加した重回帰分析モデルにすることで、もう少し複雑な状況を表現することもできます。これを章末演習（P.183）でやってみましょう。

---

[3]　Temp = 気温、Prediction = 予測

4.4 決定係数

　最小二乗法を使って、形式的に回帰係数を算出しても、その回帰式がデータ全体を十分に表現できていないものであれば、分析の結果に意味がありません。

　大前提として、モデル選択の時点で、**実データをうまく代表できる関数を選ぶ**ことが重要です。例えば、図 4.4.1 のように直線的な傾向を持たないデータに無理やり直線を当てはめるべきではありません。

図 4.4.1　直線関数がデータ点にうまく当てはまらない例

　推定した回帰式がどの程度実データを表現しているかを評価するために、決定係数という指標を使います。決定係数は下の**式 4.4.1** のように計算されます。記号では R2 または r2 と表します[4]。

$$R2 = 1 - \frac{\sum_{i=1}^{n} [y_i - (ax_i + b)]^2}{\sum_{i=1}^{n} (y_i - \bar{y})^2}$$　　式4.4.1

---

[4]　R2 (r2) を上付けで R^2 (r^2) と書くこともあります。本書では他の数式と混同するのを防ぐために、上付けなしで記載します。

決定係数（R2）は 0 と 1 の間の実数値をとります。値が 1 に近いほど回帰
式がデータとの重なりが大きく、1 から遠い（0 に近い）ほど回帰直線から離
れた（回帰直線で表現できていない）データが多いと解釈します。つまり、
1 に近いほど良いモデルといえます。

図 4.4.2 に決定係数の値に応じた「データへの当てはまり具合の程度」を
示しています。慣習的に、R2 が 0.8 以上になると、精度がそこそこ良い回
帰直線が得られていると考えることができます。

図 4.4.2　決定係数がおおよそ（左）0.8、（右）0.2 の場合における、直線モデルの
　　　　　データ分布への当てはまり具合

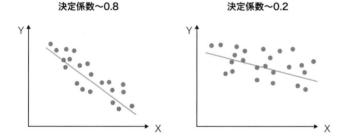

決定係数 R2 は、「目的変数の予測値に対する実測値のばらつき（二乗誤差）」
が「本来の目的変数のばらつき」に比べてどれくらい小さいかを表します。

- 4.4.1 の式の分子（図 4.4.3 の②）が「予測値に対する実測値のばらつき」
（予測値と実測値の二乗誤差）を表しています。言い換えると、「データ
点と直線がどれくらいずれているか」を表します。
- 4.4.1 の式の分母（図 4.4.3 の①）が「実測値のばらつき」（本来の目的変
数のばらつき）と表しています。言い換えると、「元々のデータで y の
値がどれくらいばらついているか」を表します。

決定係数が大きくなるのは、図 4.4.3 の①に対して②が小さい場合です。
つまり、「もともとの y の広がり」に対して「x に対してモデルが出力した値
に対する y の広がり」が小さければ、回帰方程式がデータによく当てはまる

ことを示す結果が算出されます。

R2 が小さいのはどういう場合なのかというと… 実測値が**図 4.4.2** 右のように散布図の上でかなりばらついているのにもかかわらず、直線の回帰モデルを当てはめようとするときです。

図 4.4.3 決定係数の計算を図の①（元のデータの y の広がり）と②（直線とデータ点のズレ）に分解して解釈する

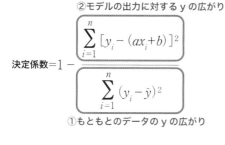

②モデルの出力に対する y の広がり

$$決定係数 = 1 - \frac{\sum\limits_{i=1}^{n} \left[y_i - (ax_i + b) \right]^2}{\sum\limits_{i=1}^{n} (y_i - \bar{y})^2}$$

①もともとのデータの y の広がり

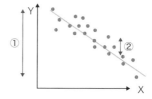

4.5 分析ツールで重回帰分析

　重回帰分析も、単回帰分析と同様に、誤差関数（**式 4.3.1**）をそれぞれの偏回帰係数で微分することで、**式 4.3.2** に相当する最適解を求めることができます。しかし実用上、特に大きいデータを扱う場合は時間がかかり、手計算で行うことはビジネスや研究には不向きです[5]。

　Excel にはアドインとして便利な分析ツールが用意されています。分析ツールを活用することで、クリックや簡単なパラメータ入力だけで、回帰分析をはじめとする様々な種類の分析を行うことができます。

　これから以下の順番で、分析ツールを導入し、重回帰分析の方法を示していきます。

1. 回帰分析のための分析ツールを Excel で呼び出す方法
2. 重回帰分析の対象となるデータの扱い方（前処理など）
3. 分析ツールを用いて重回帰分析を実行する方法
4. 重回帰分析の結果を解釈する方法
5. 重回帰分析の精度を向上する方法

　これまでは読者に回帰分析の基本原理に集中していただくために、分析ツール触れてきませんでした。

　確かに、最初から分析ツールの操作に囚われていたら、回帰係数の意味合い、最小二乗法や決定係数の考え方など、頭に入ってきませんね。

---

[5] 重回帰分析に限らず、単回帰分析でも、手計算より Excel などを用いた方が実用的であることがいえます。

4.5.1 | Excel の分析ツールを呼び出す

　分析ツールは Excel のアドインですので、メニュー・バーに分析ツールが現れていない場合は、以下のような手順で導入する必要があります。

Windows PC における分析ツールの呼び出し

　以下は WindowsOS PC の Excel における分析ツールを呼び出す手順です。なお以下の手順は Office 365 で行っています。

▼ 手順

❶ Excel を開いた画面から［ファイル］を選択

❷ ホームの左端のバーから［オプション］を選択

❸ ポップアップしたウィンドウで、[アドイン] → [設定] を選択

❹ 次に開いたウィンドウで、[分析ツール] にチェックを付け、[OK] を
クリック

❺ Excel を一度閉じて、再び開く

---

mac OS PC における分析ツールの呼び出し

　以下は mac OS PC の Excel における分析ツールを呼び出す手順です。なお以下の手順は Office 365 で行っています。

▼ 手順

❶ [ツール] メニューのプルダウンから [Excel アドイン] をクリック

❷ ポップアップした [アドイン] ウィンドウで [分析ツール] にチェックをし、[OK] をクリック

❸ Excel を一度閉じて、再び開く

Windows でも mac OS でも、ツールバーにある [データ] タブをクリックしたときに、右端に [データ分析] ボタンが追加されているのを確認してください。これが見えたら分析ツールの呼び出しは成功です。

図 4.5.2　呼び出しが成功すると [データ] タブに現れる [データ分析] ボタン

4.5.2　分析ツールを使う前にデータ加工

今回、分析対象となるのは、以下のようなデータです。

分析対象となるデータの設定

弁当屋さんは毎日 1 種類の日替わり弁当を駅から一定距離離れた場所で販売します。一年間、休日や祝日でも販売します。ポイントカード制度もあり、たまに(特定の曜日や梅雨時期など)ポイント 2 倍、3 倍、5 倍などサービスしています。

生データの "4.5bento_sales_data.xlsx" は P.10「ダウンロード」からダウンロードして確認できます。図 4.5.1 の通りです。7 つの説明変数 |日付、曜日、天気、平均気温、弁当のカロリー、ポイント倍増の日、販売場所の駅からの距離|、そして説明変数である「売り上げ金額」(単位：万円)から構成されます。期間は 2020/6/1 から 2020/10/30 までの 152 行です。

図 4.5.1　7 つの説明変数と目的変数「売り上げ金額」から成り立つ弁当屋のデータ（一部のみ表示）

A	B	C	D	E	F	G	H
date	weekday	weather	average temp	menu_calories	point_x	distance_from	sales
2020/6/1	月	晴	20	381	5	200	68
2020/6/2	火	曇	21	566	1	500	24
2020/6/3	水	曇	23	440	1	200	50
2020/6/4	木	晴	21	592	1	500	40
2020/6/5	金	晴	17	368	3	100	70
2020/6/6	土	雨	24	705	1	600	37
2020/6/7	日	曇	21	621	1	600	28
2020/6/8	月	曇	23	703	5	200	67

このデータを手に入れた際に、分析の前にまずやらなければいけないことは何だと思いますか？

それは weekday（曜日）と weather（天気）を数値に変換することです。Chapter 2 の 2.4 節（P.72）で述べたように、**回帰分析では数値データしか扱えません**。

このように数値以外のデータを含む生データを分析ツールに入れてしまうと、「回帰分析入力範囲に数値以外のデータがあります」のような警告が出てきて、分析を進められなくなります。

ここで、weather（天気）に関して、2.4 節の One-hot エンコーディング手法を使ってダミー数値に変換します。**図 4.5.2** のように、IF 文を用いて 3 種類の値（晴、曇、雨）のそれぞれに対応するフラグ（flag）の列を作ります（“flg” は flag の略）。

図 4.5.2　“weather” 列にある各種文字列（晴、曇、雨）に対応する数値型のフラグ列（sun_flg, cloud_flg_rain_flg）を作成

K2　fx =IF(C2="晴",1,0)

	A	B	C	D	E	F	G	H	I	J	K	L
1	date	weekday	weather	average temp	menu_calories	point_x	distance_from _station	sales			sun_flg	cloud_flg
2	2020/6/1	月	晴	20	381	5	200	68			1	0
3	2020/6/2	火	曇	21	566	1	500	24			0	1
4	2020/6/3	水	曇	23	440	1	200	50			0	1
5	2020/6/4	木	晴	21	592	1	500	40			1	0
6	2020/6/5	金	晴	17	368	3	100	70			1	0
7	2020/6/6	土	雨	24	705	1	600	37			0	0
8	2020/6/7	日	曇	21	621	1	600	28			0	1
9	2020/6/8	月	曇	23	703	5	200	67			0	1
10	2020/6/9	火	曇	18	646	1	500	24			0	1
11	2020/6/10	水	雨	22	604	1	200	43			0	0

"weekday" 列（曜日）に関しても、上の天気と同様に 7 つの列を作ることができます。しかしデータの量に対して列の数が多すぎると、過学習や多重共線性が起きやすくなります。代わりにここでは列 "holiday_flg" を作り、土日の場合は 1、それ以外は 0 を入れます。

図 4.5.3　"weekday" 列の曜日の文字列に対して、土日の場合のみ 1、それ以外は 0 からなる新たな列 "holiday_flg" を作成

　あとは、回帰式の計算には日付型の値をそのまま使うのはよろしくないので、Excel の分析ツールを使う前に、**A 列の date を「数値」型の表現に変換**する必要があります。A 列の隣に新たに列を挿入し、A 列をコピーしたものを貼り付けし、表示形式を「数値」に変更します。

　そうすると、数桁の実数が出てきます。馴染みのない謎の数値ですが、大丈夫です。これで回帰式がちゃんと求まります。

　これで下図のようにデータの準備が整えられたはずです。

date	date_num	holiday_flg	sun_flg	cloud_flg	rain_flg	average temp	menu_calories	point_x	distance_from_station	sales
2020/6/1	43983	0	1	0	0	20	381	5	200	68
2020/6/2	43984	0	0	1	0	21	566	1	500	24
2020/6/3	43985	0	0	1	0	23	440	1	200	50
2020/6/4	43986	0	1	0	0	21	592	1	500	40
2020/6/5	43987	0	1	0	0	17	368	3	100	70
2020/6/6	43988	1	0	0	1	24	705	1	600	37
2020/6/7	43989	1	0	1	0	21	621	1	600	28
2020/6/8	43990	0	0	1	0	23	703	5	200	67

4.5.3　いよいよ分析ツールを用いた重回帰分析開始

　上記で、データの前準備が整えられましたので、分析ツールを活用して重回帰分析を行いましょう。

重回帰分析を実践

以下で分析ツールを利用した重回帰分析の手順を見ていきます。

▼手順

❶ 分析の種類を選ぶ

該当データシートの上で、メニューバーから [データ] タブを選択した際に右端に現れる [データ分析] ボタンをクリックします。ツール一覧 (図 4.5.4) の中から [回帰分析] を選んで [OK] をクリックします。

図 4.5.4　アドインの分析ツール一覧から回帰分析を選択肢、[OK] をクリック

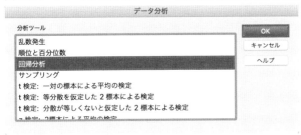

❷ 分析ツールの詳細設定

回帰分析の設定画面がポップアップされます (図 4.5.5)。ここでは、説明変数と目的変数を指定するなど、データの入力範囲や出力オプションなどの設定を行います。主なものは以下です。

- 入力 Y 範囲：目的変数の範囲を指定 (ここでは G 列にある売上高 sales)
- 入力 X 範囲：説明変数の範囲を指定 (ここでは B 列から F 列まで)
- ラベル：上で指定した範囲にヘッダー名を含める場合にチェック

データの数値そのものは 2 行目から始まるので、ラベルにチェックを入れない場合は、入力 Y・X の範囲からヘッダーの行を外す必要があります。つまり図 4.5.5 でいうと、$G$1 ではなく $G$2 にし、$B$1 ではな

く $B$2 にします。設定を終えたら [OK] を押します。

 後ほど分析結果の一覧表を見る際に、ヘッダー名があった方がわかりやすいので、データの入力範囲は1行目（ヘッダー行）を含めて指定し、[ラベル] にチェックを入れることをお勧めします！

図 4.5.5　回帰分析の設定画面において、説明変数（X）と目的変数（Y）の入力データ範囲を指定する

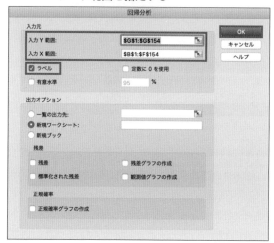

❸ 重回帰分析の結果を出力

　❷ の最後に [OK] を押したことによって、別シート（に指定した場合）に重回帰分析の結果が出力されます。現時点では、最適な説明変数（特徴量）の組み合わせかどうかは不明ですが、いったんは分析の結果をみてみましょう。

Excel ではデータを散布図にしてからグラフに近似曲線を追加する機能もあります。しかし、以下で説明する P 値、t 値、F 値は、近似曲線の追加機能からは表示されず、アドオンの分析ツールを使ってはじめて得られる指標ですので、分析ツールを使用するメリットの 1 つですね。

④ 重回帰分析の結果を解釈

Excel のアドオンの分析ツールを用いて、重回帰分析を行った際には、様々な指標が回帰式の係数とともに出力されます。ここではこれらの指標の意味、およびそれらをもとに回帰分析の結果を評価する方法を解説します。いったんは、評価指標の理解に集中しましょう。

図 4.5.6 のように重回帰分析の結果が出力されます。これを用いて推定された回帰式の妥当性や精度を評価します（評価の【手順】は P.178 参照）。

分析結果の表には様々な指標が表示されており、**回帰式の妥当性を正確に評価するためには、各指標の意味を理解する必要があります**。回帰式の精度とは、実データにどれくらいよく当てはまるかということです。妥当性とは、各偏回帰係数が統計学の観点から信頼できる値であり、回帰式を予測に使えそうということです。

最も重視したい指標は以下となります。

- 回帰式の各係数と切片
- 重決定 (R2) と補正 R2
- P 値と t 値
- 有意 F

ここから1つずつ解説していきます。まず、以下の図4.5.6の一番上にある「回帰統計」表をみましょう。

図 4.5.6　一度目の出力で得られた重回帰分析の結果

概要								
	回帰統計							
重相関 R	0.82841909							
重決定 R2	0.68627819							
補正 R2	0.66190476							
標準誤差	9.6241053							
観測数	153							
分散分析表								
	自由度	変動	分散	測された分散	有意 F			
回帰	9	29176.8705	3241.8745	39.3756729	1.8108E-34			
残差	144	13337.77	92.6234028					
合計	153	42514.6405						
	係数	標準誤差	t	P-値	下限 95%	上限 95%	下限 95.0%	上限 95.0%
切片	-1227.303	800.837332	-1.5325247	0.12758706	-2810.2181	355.612141	-2810.2181	355.612141
date_num	0.02919123	0.01819812	1.60407902	0.11088768	-0.0067787	0.06516119	-0.0067787	0.06516119
holiday_flg	3.34338563	2.49385086	1.34065179	0.18214467	-1.5858978	8.27266906	-1.5858978	8.27266906
sun_flg	0.44621466	1.74280265	0.25603281	0.79829089	-2.9985656	3.89099492	-2.9985656	3.89099492
cloud_flg	0	0	65535	#NUM!	0	0	0	0
rain_flg	1.3629622	2.31296873	0.58926962	#NUM!	-3.2087941	5.93471852	-3.2087941	5.93471852
average temp	-0.4105365	0.18451933	-2.2248971	0.02764354	-0.7752528	-0.0458202	-0.7752528	-0.0458202
menu_calories	-0.0003781	0.00748986	-0.0504879	0.95980356	-0.0151824	0.01442612	-0.0151824	0.01442612
point_x	4.76565438	0.46136179	10.3295385	4.6413E-19	3.85373817	5.67757059	3.85373817	5.67757059
distance_from_st	-0.0413491	0.00682834	-6.055513	1.1581E-08	-0.0548458	-0.0278524	-0.0548458	-0.0278524

≫ 重決定 R2

重決定 R2 は回帰分析における決定係数(4.4節)のことです。「寄与率」とも呼ばれ、回帰分析から得られた回帰式が目的変数の値の変動をどの程度説明できているかを表す指標です。別の言葉でいうと、求められた回帰モデルのデータへの当てはまりの良さを示す指標です。復習となりますが、0〜1の値を取り、1に近ければ近いほど、データに対する当てはまりが良く、回帰式の精度が高いことを意味しています。表の一番上の「重相関 R」はその平方根です。

≫ 補正 R2(自由度調整済み決定係数)

補正 R2 は実は重回帰分析で一番重視される指標です。正式には自由度調整済み決定係数と呼ばれます。

決定係数(重決定 R2)を自由度(標本数−説明変数の数)で調整した決定係

数という意味です。

　1つ前の「普通の決定係数」である重決定 R2 は、説明変数の個数が多くなればなるほど1に近づく性質があるため、重回帰分析の回帰式の精度を評価する上で限界があります。これに対して、**補正 R2（自由度調整済み決定係数）**は、普通の決定係数がデータ数の増加とともに無条件に上昇してしまうことを補正する役割を果たします。

複数の説明変数を使って行う重回帰分析の場合は、説明変数の個数の影響を取り除いた「補正 R2」の値を確認しましょう！

≫ 有意 F

　有意 F は「回帰分析に使用した説明変数だけでは目的変数を説明できていない」という確率を表すものです。この数値が小さければ小さいほど、「この結果が偶然に得られた可能性が低い」＝「目的変数をよく説明できる回帰式」と解釈することができます。あくまでも目安としてですが、有意 F が 0.05 未満（モデルの妥当性を特に厳しく評価したいときは 0.01 未満）であれば、有用な回帰式を得られた可能性が大きいと判断できます。

　今回の例では有意 F が 10^{-34} と非常に小さい値になっているので、「回帰分析に使用した説明変数の組み合わせが目的変数を説明できていない確率は 1% 以下である」と言えます。

　しかし、注意すべきなのは、有意 F から見て「使用した説明変数の組み合わせによって目的変数を説明できている」と言えたとしても、「全ての説明変数が寄与している」かどうかは別の問題です。最終的には、重回帰分析では、それぞれの係数の P 値（t 値）を確認するのが最も重要です。

　ちなみに、単回帰分析においては有意 F の値は P 値が一致します。

＜ 偏回帰係数とその信頼度 ＞

　次に一番下にある、各係数に関する情報をまとめた表を観察しましょう。

分散分析表									
	自由度	変動	分散	測された分散	有意 F				
回帰	9	29176.8705	3241.8745	39.3756729	1.8108E-34				
残差	144	13337.77	92.6234028						
合計	153	42514.6405							
	係数	標準誤差	t	P-値	下限 95%	上限 95%	下限 95.0%	上限 95.0%	
切片	-1227.303	800.837332	-1.5325247	0.12758706	-2810.2181	355.612141	-2810.2181	355.612141	
date_num	0.02919123	0.01819812	1.60407902	0.11088768	-0.0067787	0.06516119	-0.0067787	0.06516119	
holiday_flg	3.34338563	2.49385086	1.34065179	0.18214467	-1.5858978	8.27266906	-1.5858978	8.27266906	
sun_flg	0.44621466	1.74280265	0.25603281	0.79829089	-2.9985656	3.89099492	-2.9985656	3.89099492	
cloud_flg	0	0	65535	#NUM!	0	0	0	0	
rain_flg	1.3629622	2.31296873	0.58926962	#NUM!	-3.2087941	5.93471852	-3.2087941	5.93471852	
average temp	-0.4105365	0.18451933	-2.2248971	0.02764354	-0.7752528	-0.0458202	-0.7752528	-0.0458202	
menu_calories	-0.0003781	0.00748986	-0.0504879	0.95980356	-0.0151824	0.01442612	-0.0151824	0.01442612	
point_x	4.76565438	0.46136179	10.3295385	4.6413E-19	3.85373817	5.67757059	3.85373817	5.67757059	
distance_from_st	-0.0413491	0.00682834	-6.055513	1.1581E-08	-0.0548458	-0.0278524	-0.0548458	-0.0278524	

- 1列目には各係数の名称（名称が表示されると結果が見やすいので、データ範囲の設定ではヘッダーを含めました）
- 2列目は分析によって算出された各係数の値であり、3列目はその値の標準誤差（不確定性の幅）
- 4、5列目はt統計量とp値の値

Chapter 6（P.241）ではt統計量とp値を詳細に説明します。ここでは分析結果の評価の文脈に絞って理解してみましょう。以下で説明するp値をいったん「この係数の分析結果がどれくらい信頼できるものなのかを示している指標」と解釈をしてください。

≫ p 値

pは「probability（確率）」の頭文字からとってきています。**個別の説明変数の1つ1つが目的変数に対して関係があるかどうかを表す指標です。**

分析ツールのデフォルトの信頼度設定は95％です。有意水準[6]としてデフォルトの95％を使っていると仮定します。そうすると、p値を100％−95％＝5％（0.05）と比べて、算出された係数が「使えるか」どうかを判断します。

一般的にp値が0.05未満であれば、その説明変数は目的変数に対して「関係性がありそう」という判断をします。逆に、0.05以上の場合は「関係が

---

[6]　ただし、統計学的には有意水準は「5％」のことなので、Excelがツールとして、学問的な視点から不適切な用語を使っている可能性があります。

なさそう」と捉えることができます。

有意 F が目的変数を説明するための説明変数の組み合わせに意味が
あるかどうかを表す指標に対し、p 値は個別の説明変数が目的変数
に対して関係があるかどうかを表します。

》 t 値

実は、t 値は p 値の大小と裏返しの関係にあります。t 値は p 値とセット
で観察するとよいです。

p 値同様に、t 値もそれぞれの説明変数が目的変数に与える影響の大きさ
を表す指標です。目安として、t 値の絶対値が大きければ大きいほど、説明
変数は目的変数をうまく説明できていることを示唆します。逆に t 値の絶対
値が 2 より小さい場合は、統計的に判断してその説明変数は目的変数に影響
を与えていないと判断します。

p 値が小さければ小さいほど t 値は大きくなるので、時間がない方は p 値
の方のみ観察するのもよいでしょう。

》 p 値の確認と回帰式の評価

それでは、実際に今回の分析結果において、p 値を観察し、「それぞれの
説明変数が目的変数に対して関係があるかどうか?」を確認します。前述の
通り、p 値が 0.05 より小さければ、その説明変数は目的変数に対して「関係
性がありそう」「分析に使えそう」と判断します。

図 4.5.7　重回帰分析の結果のうち係数の信頼度に関わる部分

	係数	標準誤差	t	P-値
切片	-1227.303	800.837332	-1.5325247	0.12758706
date_num	0.02919123	0.01819812	1.60407902	0.11088768
holiday_flg	3.34338563	2.49385086	1.34065179	0.18214467
sun_flg	0.44621466	1.74280265	0.25603281	0.79829089
cloud_flg	0	0	65535	#NUM!
rain_flg	1.3629622	2.31296873	0.58926962	#NUM!
average temp	-0.4105365	0.18451933	-2.2248971	0.02764354
menu_calories	-0.0003781	0.00748986	-0.0504879	0.95980356
point_x	4.76565438	0.46136179	10.3295385	4.6413E-19
distance_from_st	-0.0413491	0.00682834	-6.055513	1.1581E-08

もう一度、注目する部分（上の図 4.5.7）だけ取り出してみると、p 値が評価可能であり、かつ 0.05 を下回る（あるいは t 値の絶対値が 2 を超える）のは、以下の 3 つの説明変数です。

- average_temp（平均気温）
- point_x（ポイント倍数）
- distance_from_station（駅からの距離）

　上記 3 つ以外の説明変数は、目的変数に寄与していると言えません。ここで考えられる可能性は、以下の 2 点です。

- この説明変数は、目的変数に影響していない

　例

　　この駅の周辺では、平日祝日によらず、お弁当が売れていて、天気にもさほど影響されず、また弁当のカロリーもあまり関係ない

- **多重共線性**（P.149）によって、説明変数同士の相互作用により寄与を弱めあっている

　この分析における次のアクションは、**説明変数を再選択した上で、重回帰分析を再度実施し、上記と同じようにその結果を評価する**ことです。
　これは Excel を用いた分析や回帰分析に限ったプロセスではありません。どんなデータ分析でも、データの理解、データの前加工、初期分析、評価、試行錯誤の繰り返しが続きます。

▼ 手順

❶ 説明変数を再選択する

　今回の分析では具体的に、説明変数を、p 値が小さいものに絞ってもう一度重回帰分析を行うことにします。今回は、average_temp、point_x、distance_from_station の 3 つのみ統計的に有意な回帰係数として使えそうです。よって、分析対象のデータを図 4.5.8 のように絞りました。

図 4.5.8　一度出力された分析結果を踏まえて絞り直した説明変数

D	E	F	G
average temp	point_x	distance_from _station	sales
20	5	200	68
21	1	500	24
23	1	200	50
21	1	500	40
17	3	100	70
24	1	600	37
21	1	600	28
23	5	200	67
18	1	500	24
22	1	200	43
22	1	500	34
16	1	200	43
24	1	600	35

このデータに対して、P.171 の【手順】❷ と同じように分析ツールの設定を行います。その結果は以下の図 4.5.9 のようになりました。

今回は、3 つの説明変数ともに p 値が 0.05 より小さく、t の絶対値は 2 を超えています。現時点ではどの変数も目的変数である sales に妥当な影響をかけているように見えます。

回帰式をこの 3 つの説明変数を用いて、以下のように定められました。

$$y = -0.36 \cdot x_1 + 4.83 \cdot x_2 - 0.035 \cdot x_3$$

ただし、x_1 は average_temp、x_2 は point_x、x_3 は distance_from_station です。

図 4.5.9　p 値が 0.05 以下を満たすように説明変数を 3 つに絞り再度重回帰分析を繰り返した結果

回帰統計	
重相関 R	0.8219017
重決定 R2	0.6755224
補正 R2	0.6689893
標準誤差	9.6220693
観測数	153

分散分析表

	自由度	変動	分散	測された分散	有意 F
回帰	3	28719.5921	9573.19737	103.399884	3.0915E-36
残差	149	13795.0484	92.5842176		
合計	152	42514.6405			

	係数	標準誤差	t	P-値	下限 95%	上限 95%	下限 95.0%	上限 95.0%
切片	55.9604935	5.17497949	10.8136648	1.762E-20	45.7346659	66.1863212	45.7346659	66.1863212
average temp	-0.3597618	0.17440967	-2.0627399	0.04087343	-0.7043976	-0.015126	-0.7043976	-0.015126
point_x	4.8295257	0.4560983	10.5887826	6.9495E-20	3.92826945	5.73078194	3.92826945	5.73078194
distance_fron	-0.0349467	0.00495735	-7.0494797	6.2336E-11	-0.0447425	-0.0251509	-0.0447425	-0.0251509

一般的に、現時点でのp値が小さい説明変数に絞れば必ず妥当な回帰式が得られるとは限りません。これは、多重共線性により、説明変数がお互いに常に相関しあっているからです。

データサイエンティストは、よくPythonやBIツールを使ってデータを分析すると聞きました。Excelを使う場合とどう違いますか？

確かに、Pythonで分析コードを書き、BIツールでデータの前処理や可視化をします。これらの手段はスピード感があってビジネスに有利ですが、統計指標を一括出力してくれるわけでないので、慎重にデータを見ないといけません。
一方で、Excelで分析を行う利点の1つは、自動的に出力される豊富な統計学の指標に意識が集まることです。データサイエンティストもたまに基本に立ち返ってExcelで分析をやると新鮮に感じますね。

❷ モデルから予測値を算出する

　P.173の【手順】❹ で選択しなおしたデータと同じシートの上に、係数を貼り付けます。

　図 4.5.10 のF列に"prediction"列（予測値）を作成します。ここにはB～D列の3つの説明変数に対してI列の係数を乗じて足し合わせた回帰式の出力値が入ります。

図 4.5.10　F列に予測値を計算する。I列の係数を用いた、B～D列の3つの説明変数の線形結合の回帰式の形にする

	fx	=B2*$I$3+C2*$I$4+D2*$I$5+$I$2						
B	C	D		E	F	G	H	I
average temp	point_x	distance_from_station		sales	prediction			係数
20	5		200	68	$I$2		切片	55.9604935
21	1		500	24	35.7617		average temp	-0.3597618
23	1		200	50	45.5262		point_x	4.8295257
21	1		500	40	35.7617		distance_from	-0.0349467
17	3		100	70	60.8384			
24	1		600	37	31.1877			
21	1		600	28	32.2670			
23	5		200	67	64.8443			

次に、元のデータと予測値を一緒にプロットしてみます。

ツールバーの [挿入] タブから E 列（データの売上）と F 列（回帰モデルを用いた"予測値"）の 2 種のデータを同時にプロットした「散布図」を作成します。このように、全体的に同じ傾向にあるように見えながら、あちらこちらに予測誤差がある状況です。

図 4.5.11　売り上げの真の値（赤）と回帰モデルによる予測値（青）を同時表示

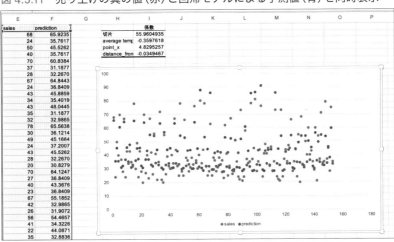

❸ 将来予測

得られた回帰式が有用であると確認が出来たら、その回帰式にモデルの学習に用いていない新たなデータ（例えば新規出店する店舗の位置情報とポイント付与の制度）を当てはめて、予測を行っていきましょう（図 4.5.12）。

ある日に平均気温が 30 度の夏日になるとして、駅から 100m の販売場所を確保できたとします。この日をポイント 3 倍にした際に、売り上げはどれくらいになるのでしょうか？

ここまで作った回帰モデルを信じるのであれば、56 万円を稼げそうです。

次に、ポイントを 10 倍にすると、予想売り上げが 90 万円近くまで上がりました。

平均気温を 5 度上昇させて真夏日の猛暑にしたところで、ほんのわずかしか売り上げが減らなさそうです。

駅からの距離を 500m まで離しても、ポイント 10 倍であれば予想売り上げはさほど減りません。

これにより、全ての説明変数の中で、ポイントの倍数は売り上げに最も影響が大きいと観察できます。

図 4.5.12　B, C, D 列はそれぞれ、平均気温、ポイント倍数、駅からの距離。F 列は回帰式を用いて出力した予測値

F156		× ✓ fx	=B156*$I$3+C156*$I$4+D156*$I$5+$I$2		
		C	D	E	F
156	30	3	100		56.1615
157	30	10	100		89.9682
158	35	10	100		88.1694
159	30	10	500		75.9895
160					

回帰分析を行う際に 1 つ注意していただきたいことがあります。

それは、**相関関係と因果関係が違う**ということです。このことは Chapter 7 の主題となります。

確かに、回帰分析は、目的変数と説明変数の間に因果関係があることを仮定した上で行う分析ではあります。しかし、世の中の実データには様々な状況が潜んでおり、因果関係があったと仮定していても、実は見せかけの「疑似相関」に過ぎなかったりします。分析ツールを使って手軽に分析結果を叩き出していながらも、どのような仮定のもとで分析が行われているのかを意識し、変数同士の関係を正しく解釈しましょう。

また、回帰分析と相関分析も異なります。回帰分析の場合は、「目的変数の変動を説明変数の変動で説明する」という一方通行の関係であるのに対し、相関分析の場合は双方向の関係です。

例えば、回帰分析の結果から「気温が 1℃下がると平均的に鍋の素の売

り上げが 300 円減少する」とわかったとします。これは一方向の関係であり、「鍋の素の売り上げが 300 円減少するたびに、気温が 1℃下がる」という逆方向の関係は同時に成立しません。これに対して、相関分析では「気温と鍋の素の売り上げには関係性がある」ということまで把握しますが、「気温が鍋の素の売り上げにどの程度の影響を与えているか？」を把握することが目的ではありません。

chapter 4-1 演習

　以下の演習では、売り上げデータに対して、回帰分析を適用する方法を紹介します。

　売り上げデータはビジネスで非常によく扱われ、回帰分析もまた最も使われる分析手法の 1 つなので、ぜひ読者の皆さんも一緒に実践していきましょう。

　今回の演習の特徴は、プログラミングや難しい数式などを使わずに、**Excel（およびそれに準ずる集計ソフト）**で出来ることです。

　実際には、ライセンスが必要なく無料で使える Google Spreadsheet を用いた回帰分析の手順を示していきますが、ほぼ同じ操作が有料ソフトウェアである Excel でもできます。よって、Excel ユーザーの参考にもなりますのでご安心ください。

　回帰分析を Excel で行う方法は大きく分けて 3 つあります。

① 回帰係数の公式を用いて、回帰係数（傾きと切片）を計算し、回帰式を求める
② データをプロットしながら、Excel の関数を用いて回帰係数を求める
③ Excel の回帰分析用の分析ツールを使う

　実際①と②の本質は同じです。この章の演習では、あえて Excel の分析ツールを使わずに、**回帰分析の概念（特にデータ点への直線の当てはまり具**

合）を操作しながら理解していただきます。

演習 4.1.1：まずは簡単な売り上げ予測モデル

　会社の主力商品の過去の 30 週間にわたるにおける売り上げデータが蓄積されています。このデータを用いて回帰分析を行うことで、売り上げ予測モデルを作ることを考えます。

　40 週、60 週など将来の売り上げ予測ができるようになることによって、それを見越して商品在庫、従業員の人数、投資額などを調整でき、事業の利益を上げやすくなります。

課題：

　売り上げデータ "sales_weekly_data.csv" (P.10「ダウンロード」) にある、0 週目〜 30 週目の商品 X の売り上げデータを用いて、この商品の売れ行きを表す回帰方程式を求めてください。

　この回帰式を予測モデルとして使用し、40 週目と 60 週目の売り上げを予測してください。

　この演習では、回帰係数の計算式 (式 4.3.2) を使って係数を計算し、回帰式を求めてください。

A	B
week	sales
1	2406
2	2635
3	2628
4	2933
5	2729
6	2988
7	3089
8	3152
9	3370
10	3406
11	3710
12	3751
13	3885
14	4198
15	4540

A	B
week	sales
16	4532
17	4980
18	5189
19	5311
20	5567
21	5364
22	5746
23	5994
24	6252
25	6135
26	6403
27	6622
28	6932
29	7030
30	7223

Chapter

4

回帰分析

解答・解説

データをプロットし、傾向をみてみる

データをプロットすると直線的な関係が見えます。

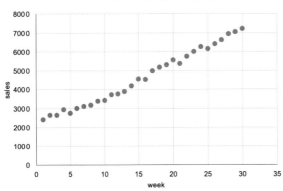

回帰式の係数を計算する

ここでは、説明変数は1つ（週番号）だけなので、単回帰分析を使います。よって、回帰方程式を y = a・x + b として、係数 a（傾き）と係数 b（切片）をデータから求めていきます。

式4.3.2により、回帰係数は以下の式で求められます。

$$a = \frac{\sum_{i=1}^{n}(x_i - \bar{x})(y_i - \bar{y})}{\sum_{i=1}^{n}(x_i - \bar{x})^2} \qquad b = \bar{y} - a\bar{x} \qquad \text{式4.4.1}$$

データを Google スプレッドシートに読み込むかもしくは、コピーします。

データの右側で回帰係数 a と b を求めるのに必要な各「部品」を計算します。

まず、下図の D 〜 G 列では、x と y の平均値と偏差（データ点と平均値の差）を計算します。

D2		✕ ✓	fx	=AVERAGE(A2:A31)		
	A	B	C	D	E	F	G
1	week	sales		x_bar	y_bar	x-x_bar	y-y_bar
2	1	2406		15.5	4623.33333	-14.5	-2217.333333
3	2	2635				-13.5	-1988.333333
4	3	2628				-12.5	-1995.333333
5	4	2933				-11.5	-1690.333333
6	5	2729				-10.5	-1894.333333
7	6	2988				-9.5	-1635.333333
8	7	3089				-8.5	-1534.333333
9	8	3152				-7.5	-1471.333333

つぎに、H列、I列ではそれぞれ式4.3.2の分子と分母の量（足し合わせる前）を計算します。

I2		✕ ✓	fx	=F2*G2	
	F	G	H	I
1	x-x_bar	y-y_bar	(x-x_bar)^2	(x-x_bar)(y-y_bar)
2	-14.5	-2217.333333	210.25	32151.33333
3	-13.5	-1988.333333	182.25	26842.5
4	-12.5	-1995.333333	156.25	24941.66667
5	-11.5	-1690.333333	132.25	19438.83333
6	-10.5	-1894.333333	110.25	19890.5
7	-9.5	-1635.333333	90.25	15535.66667
8	-8.5	-1534.333333	72.25	13041.83333

最後に、**式 4.3.2** に上記で得られた各「部品」の値を代入してaとbを計算します。

J2			f_x	=SUM(I2:I31)/SUM(H2:H31)		
	H	I	J	K	L
1	(x-x_bar)^2	(x-x_bar)(y-y_bar)	a	b	
2	210.25	32151.33333	171.9844271	1957.574713	
3	182.25	26842.5			
4	156.25	24941.66667			
5	132.25	19438.83333			
6	110.25	19890.5			
7	90.25	15535.66667			
8	72.25	13041.83333			

求められた回帰方程式は　y＝172・x＋1958（小数点以下繰り上げ）となりました。これを用いて計算した「実データに対する予測値」をM列で計算します。

M2			f_x	=$J$2*A2+$K$2								
	A	B	C	D	E	F	G	H	I	J	K	L	M
1	week	sales		x_bar	y_bar	x-x_bar	y-y_bar	(x-x_bar)^2	(x-x_bar)(y-y_bar)	a	b		y_calc
2	1	2406		15.5	4623.33333	-14.5	-2217.333333	210.25	32151.33333	171.98443	1957.575		2129.55914
3	2	2635				-13.5	-1988.333333	182.25	26842.5				2301.543567
4	3	2628				-12.5	-1995.333333	156.25	24941.66667				2473.527994
5	4	2933				-11.5	-1690.333333	132.25	19438.83333				2645.512421
6	5	2729				-10.5	-1894.333333	110.25	19890.5				2817.496848
7	6	2988				-9.5	-1635.333333	90.25	15535.66667				2989.481275
8	7	3089				-8.5	-1534.333333	72.25	13041.83333				3161.465703
9	8	3152				-7.5	-1471.333333	56.25	11035				3333.45013

下図は、実データと回帰方程式を同じグラフ上にプロットしたものです。

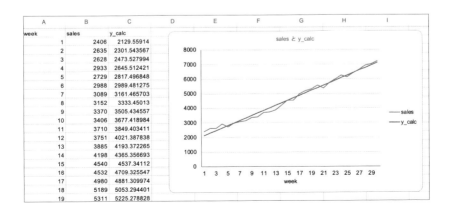

回帰モデルを用いて予測値を出す

回帰式を用いて、将来にあたる、第40週と第60週の売り上げを予測することができます。以下のように、売り上げが伸びていくと予測されています。

第40週：8837万円
第60週：1.2億円

M34		▲▼	×	✓	*fx*	=$J$2*A34+$K$2								
⧸	A	B	C	D	E	F	G	H	I	J	K	L	M
33													
34	40												prediction
35	60												8836.951798
36													12276.64034

これで、回帰式が求められて、将来の売り上げを予測できました。一方で、このモデルの予測結果を信じる前に、モデルの予測性能を検証する必要があります。次の演習4.1.2でこれを扱います。

演習4.1.2　競合出版社の売り上げを予想

今回の課題設定は以下となります。

自社（出版社C）のPythonの書籍、および、他社の類似本について、その今後の売れ行きを予測したいと考えています。Pythonやデータサイエンスの書籍が強い競合他社は出版社Aと出版社Bです。そこで、これまでの売り上げデータから回帰予測モデルを立てて、数ヶ月先の各社の売上を予測し比較することにしました。この予測結果をもとに、在庫の最適化やプロモーションの戦略を立てることにしています。

【具体的なタスク】

使用するデータはおよそ2.5年分の各出版社の代表的なPython書籍の月ごとの売り上げ冊数です。

188

1. 月ごとの出版社 A ～ C の売り上げの推移をグラフにしてください
2. 可視化の結果から、出版社 A ～ C 社にはどのような関数を当てはめるべきなのかを判断してください
3. Excel の関数を活用して、出版社 A ～ C のデータに合う関数の式を求めてください
4. 求められた関数と実データを一緒にプロットしてください
5. 将来の 2022 年 10 月の各社の売り上げを予測してください
6. 今回の決定係数を計算してください

売り上げデータとして kaiki_publisher.csv（P.10「ダウンロード」）を使ってください。

データの形式は以下のようになっています（最初の数行だけ表示）。

	A	B	C	D
1	date	publisherA	publisherB	publisherC
2	2019/1/1	458	530	725
3	2019/2/1	376	494	671
4	2019/3/1	306	494	671
5	2019/4/1	346	452	608
6	2019/5/1	376	446	599
7	2019/6/1	268	456	614

B ～ D 列にあるのは、毎月の 1 ヶ月分の総売り上げ冊数ですが、A 列の "date" には「その月の代表日付」として毎月の初日が YYYY/MM/DD で表示されます。Excel のデータ型の表示の都合上こうなっており、分析の結果には影響しません。

解答・解説

ここから、Google Spreadsheet を用いた回帰分析の手順を示していきます。

データを読み込む

Google Spreadsheet で行う場合、まず**スプレッドシートにデータをインポート**します。メニューから［インポート］をクリックすると、G ドライブまたは PC のローカルからデータファイルを取り込むウィンドウが出てきます。

メニューから［インポート］を選択し、データを読み込む準備をする。

今回はローカルから csv 形式の売り上げデータを取り込みます。

開きたいデータファイルを選択し、区切り文字やデータ形式変換等に関するオプションを選択する。

　［今すぐ開く］をクリックすると、データが新しいスプレッドシート（新し
いタブ）として現れます。

以降はこの新しいスプレッドシートの上で作業します。

実データをグラフにする

データを選択し［グラフ］ボタンを押します。

可視化したいデータの列を全て選択し、メニューの［挿入］からグラフを選ぶ。

完成したグラフは以下のようになります。

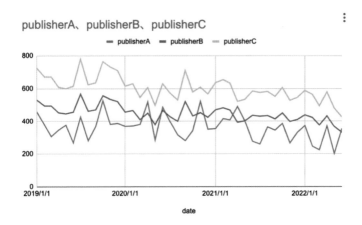

> ### データに当てはめる関数を決める

振れ幅が結構ある中で、競合の出版社Aは割と平坦で、出版社Bと自社（C）はやや右下がりの傾向を示します。各出版社に適した関数を以下のように決めました。

- 出版社A：定数関数（y＝αで表される関数。αは定数。）
- 出版社B：1次関数
- 出版社C（自社）：1次関数

出版社Aのデータに当てはめる**定数関数**については、回帰係数には全データの平均値を使えることが知られています。つまり、定数y＝αの定数αは、全データの平均値です。

出版社BとCには**単回帰分析（説明変数がdateの1つ）**を使います。

4.5節（P.170）で言及したように、回帰式の計算には日付型の値がそのままでは使えないので、Excelの関数を使う前に、A列のDateを「数値」型の表現に変換します。

回帰方程式を求める

まずは出版社Aに対する定数の係数を求めます。下図のように、C列の全データに対して、AVERAGE関数を使用することで求めることができます。

出版社 B と出版社 C に使う 1 次関数（y＝a・x＋b）なので、**SLOPE 関数**と **INTERCEPT 関数**を使って回帰係数（傾きと切片）の値を算出します。

下図が出版社 B の傾き（SLOPE 関数）と切片（INTERCEPT 関数）を求めている例です。

=SLOPE(D2:D43,A2:A43)

J	K	L	M
slope_B	intercept_B	slope_C	intercept_C
-0.08942399091	4390.602911	-0.1341359864	6515.904367

=INTERCEPT(D2:D43,A2:A43)

J	K	L	M
slope_B	intercept_B	slope_C	intercept_C
-0.08942399091	4390.602911	-0.1341359864	6515.904367

出版社 C の傾きと切片も全く同様に求めることができます。

回帰モデルを用いて予測値を出す

回帰係数を使って「予測値」を計算する際には、現在の列 B にある数値型の date_num を使用します。その計算の結果、および、実データと求められた回帰直線を一緒にプロットしたものが下図となります。ここを計算した時の式は、別資料（"kaiki_publisher_answer.xlsx"）をご参照ください（P.10「ダウンロード」）。

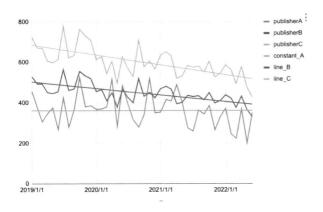

将来の売り上げを予測する

　求められた回帰直線（学習済みモデル）を使って半年後の 2022 年 10 月の各出版社の売り上げを予測します。

　結果、予測された 2022 年 10 月の Python 書籍の売り上げは、

　出版社 A が 361 冊
　出版社 B が 381 冊
　出版社 C が 502 冊

となりました。

　最近低迷気味とはいえ、数ヶ月先はまだ競合よりは高い売り上げを獲得できていそうですね。その数ヶ月は売り上げをブーストする施策を考えるための時間です。

回帰モデルはどれくらいよかった？ 決定係数を算出

推定した回帰式がどの程度実データを再現しているかを評価するために、決定係数を指標に使うことにします。決定係数は**式 4.4.1** のように計算されます。ここを計算した時の式は、別資料の "kaiki_publisher_answer.xlsx"（P.10「ダウンロード」）でご参照ください。

$$R2 = 1 - \frac{\sum_{i=1}^{n} [y_i - (ax_i + b)]^2}{\sum_{i=1}^{n} (y_i - \bar{y})^2}$$

先ほどのシートの右側に、決定係数を出版社 B と出版社 C について計算するためのスペースを設けます。あるいはこのシートを複製してから計算を行っても良いです。

まず、分子にある $y_i - (ax_i + b)$ の部分（下図の左）、そしてその 2 乗（下図の右）を計算します。

=D2-($J$2*B2+$K$2)

N	O
	y-(ax+b) for B
	26.30027729
	-6.927578994
	-4.423707249
	-43.65156353

=O2*O2

O	P
y-(ax+b) for B	[y-(ax+b) for B]^2
26.30027729	691.7045854
-6.927578994	47.99135072
-4.423707249	19.56918582
-43.65156353	1905.458999
-46.9688438	2206.072288
-34.19670009	1169.414297

次に、分母に使う y の平均値の計算です。

=AVERAGE(D2:D23)

O	P	Q
y-(ax+b) for B	[y-(ax+b) for B]^2	y_avg for B
26.30027729	691.7045854	472.0909091
-6.927578994	47.99135072	
-4.423707249	19.56918582	
-43.65156353	1905.458999	
-46.9688438	2206.072288	
-34.19670009	1169.414297	

さらに、$(y_i - \bar{y})^2$ です。

```
=(D2-$Q$2)*(D2-$Q$2)
```

O	P	Q	R
y-(ax+b) for B	[y-(ax+b) for B]^2	y_avg for B	[y-y_avg for B]^2
26.30027729	691.7045854	472.0909091	3353.46281
-6.927578994	47.99135072		480.0082645
-4.423707249	19.56918582		480.0082645
-43.65156353	1905.458999		403.6446281
-46.9688438	2206.072288		680.7355372
-34.19670009	1169.414297		258.9173554

最後に全データで加え合わせて（$\sum_{i=1}^{n}(y_i - \bar{y})^2$）と（$\sum_{i=1}^{n}[y_i - (ax_i + b)]^2$）、決定係数の計算式に各部分を代入すると、決定係数が計算されます。

```
=1-sum(P2:P43)/sum(R2:R43)
```

O	P	Q	R	S
y-(ax+b) for B	[y-(ax+b) for B]^2	y_avg for B	[y-y_avg for B]^2	R^2_B
26.30027729	691.7045854	472.0909091	3353.46281	0.5407
-6.927578994	47.99135072		480.0082645	
-4.423707249	19.56918582		480.0082645	
-43.65156353	1905.458999		403.6446281	
-46.9688438	2206.072288		680.7355372	
-34.19670009	1169.414297		258.9173554	

出版社 C についても同じように計算できます。今回のデータでは出版社 B と出版社 C の回帰線の当てはまり具合は同程度であり、**決定係数が 0.54 程度**でした。

決定係数の判断の目安

P.162 で話した、決定係数は 0 が全く当てはまっていない、決定係数 1 はデータが直線に完璧に当てはまっている、ということを思い出すと、0.54 は「うーん…　大丈夫かな…」と思われる方もいるかと思います。

今回は特に横軸が時間、つまり**時系列データであり、ノイズを伴います。**実際、自然科学や株価など回帰分析がよく使われる分野では、決定係数0.5 程度はよく見られます。上でデータをプロットした図を見ても、**ノイズの影響でデータが上下に振れている中で、「全体的な傾向」を捉えられているように見えます。**グラフで全体的な傾向がつかめていれば R2 は気にしなくてもよいということではなく、別の支配因子がある場合や説明変数だけでは決まらない偶然の要素が寄与する場合、決定係数が小さく出やすくなります。

　仮に決定係数 0.9 のモデルが出来上がったら、もうそれだけで自然界が説明されてしまうことになり、この場合は過学習になっている可能性もあります[7]。

　あとは何を目的に回帰分析をしているかも考えましょう。

　今回は売り行きの大まかなトレンドを把握することで、自社 (C) と他の出版社の数ヶ月先の大体の比較ができています。

　この演習の例では、決定係数を求めた結果、高い相関があるとは言えませんでした。トレンドを見るだけなら、これでも有用と言えますし、高精度な予測が必要であれば、他の説明変数も取り入れて高精度化の検討を行う必要があるでしょう。

---

[7]　ビジネスでは綺麗に 0.9 以上になることは珍しいかもしれませんが、自然科学ではそう珍しくありません。
「R2 ＞ 0.9 →過学習」と決めつけてはいけません。

Chapter 5

統計的推定と確率分布

- -

　統計的推定とは、母数（母集団の平均や分散などの特性値）が未知の場合に、母集団から抽出された標本の値を用いて母数を推定することです。推定というのは、確実な値として断定するのではなく、一定の不確定性あるいは確率のもとで推定（確からしい値を求めること）を行います。よって、確率や確率分布といった概念が非常に重要となります。

　この章ではまず、標本をもとに母数を推定する基本的な考え方について、次に深く関連する確率や確率分布について説明します。頻繁に使われる正規分布と標準正規分布、および中心極限定理を特に詳細に解説します。

　この章の最後では、確率分布について学んだ知識を踏まえて、皆さんが試験などで意識してきた偏差値がどのように計算されるのかについても解説します。

5.1 標本から母数を正しく推定する

　推測統計学の本質とは、母集団から抽出した標本の情報を用いて、母集団の特性を表す値（平均や分散など）を推定することです。この節ではまず、母集団と標本の統計量について整理します。これらの概念は、今後頻繁に登場します。次に、点推定（単一の値を推測）と区間推定（区間を持って値を推定）の2種類の統計的推定の手法を説明します。

5.1.1 母集団と統計的推定

はじめに、統計的推定に関わる用語を整理します。

母数：母平均や母分散など、母集団を決定するパラメータです。例えば、正規分布に従う母集団の母数は μ（母平均）と σ（母分散）です。

統計的推定：母数が未知の場合、**標本の値を用いて母数を推定**することです。統計的推定には点推定と区間推定の2種類があります（詳細は5.1.3）

推定量：標本から求められ、母数の推定値を表す統計量です。例えば、標本の平均である**標本平均**を計算し、それを母平均の推定値として使います。

5.1.2 母集団と標本に関する記号と計算式

　推測統計学では、母集団の統計量と標本の統計量が登場します。母集団と標本に共通する統計量の種類がいくつもあります。例えば、平均値に関しては、母集団の平均である「母平均」と、標本の平均である「標本平均」とがあ

ります。

　母集団の統計量と標本の統計量を同じ記号で表してしまうと混乱の元になります。記号をどのように使い分けるかについては、統一された規則がなく様々な流儀があります。本書では以下のように記号を使い分けることにします。

表 5.1.1　本書で使用する母集団と標本に関する記号一覧

	平均	標準偏差	分散	不偏分散	共分散
標本	$\bar{x}$	S	S^2	$\hat{S}^2$	S_{xy}
母集団	μ	σ	σ^2		σ_{xy}

　表 5.1.1 にある統計量は以下の式 5.1.1 〜 5.1.6 のように計算されます。ここで、標本のサイズが n、母集団のサイズが N で表されています。既に前章までに登場しているものもありますが、ここでは改めて一連の統計量について整理するとともに、「全てのデータについて足し合わせる」操作を表す Σ 記号を用いた表現も掲載します。

標本平均

$$\bar{x} = \frac{x_1 + x_2 + x_3 \cdots\cdots + x_n}{n} = \frac{1}{n}\sum_{i=1}^{n} x_i \qquad \text{式5.1.1}$$

　母集団から抽出した n 個の標本データから平均値を計算

標本分散

$$S^2 = \frac{(x_1 - \bar{x})^2 + (x_2 - \bar{x})^2 + (x_3 - \bar{x})^2 + \cdots\cdots + (x_n - \bar{x})^2}{n} = \frac{1}{n}\sum_{i=1}^{n}(x_i - \bar{x})^2 \qquad \text{式5.1.2}$$

　母集団から抽出した n 個の標本データおよび標本平均を用いて分散を計算

標本の標準偏差

$$S = \sqrt{S^2} \quad \text{式5.1.3}$$

標本分散の平方根

母平均

$$\mu = \frac{x_1 + x_2 + x_3 \cdots\cdots + x_N}{N} = \frac{1}{N} \sum_{i=1}^{N} x_i \quad \text{式5.1.4}$$

母集団にN個のデータがあると仮定し、それらを用いて平均値を計算

母分散

$$\sigma^2 = \frac{(x_1 - \mu)^2 + (x_2 - \mu)^2 + (x_3 - \mu)^2 + \cdots\cdots + (x_N - \mu)^2}{N} = \frac{1}{N} \sum_{i=1}^{N} (x_i - \mu)^2 \quad \text{式5.1.5}$$

母集団のN個のデータおよび母平均を用いて分散を計算

母集団の標準偏差

$$\sigma = \sqrt{\sigma^2} \quad \text{式5.1.6}$$

母分散の平方根

5.1.3 点推定と区間推定

統計的推定には点推定と区間推定の2種類があります（図5.1.1）。ここで
その違いを理解しましょう。1つの値で推定する点推定は数学的にシンプル
でわかりやすいのですが、実は、標本から求めた点推定量が母数とぴったり
一致することはほとんどありません。

点推定とは、**母数を1つの値で推定**することです。例えば、標本平均（1
つの値）で母平均を推定することや標本分散（1つの値）で母分散を推定する

ことが点推定です。

　区間推定とは、標本を用いて**母数が存在しうる区間を推定**することです。この時、「**推定した区間に母数が実際に収まる確率**」を考えることが重要です。この確率値を信頼度（信頼水準、信頼係数）と呼びます。信頼度によく使われる値は 90%, 95%, 99% です。

　標本が母集団の一部を抽出したものでしかない以上、標本のデータから「母数は絶対にこの範囲にある」と断言可能な区間を求めることはできません。あくまでも、**一定の確率で「この範囲にあるだろう」と強く推定できる**区間を求めるのが区間推定です。

　また、信頼度に応じて推定した区間を信頼区間と呼びます。図 5.1.1 の例では信頼度を 95% とし、95% の確率で母数が入る区間 [A，B] を推定しています。

図 5.1.1　点推定の場合は 1 つの母数の値を推定し、区間推定の場合はある信頼度をもって母数が入る区間 [A,B] を推定

点推定（例：平均値）

A　　　　　　　　　　　B

区間推定

例：母集団の平均値が A と B の間に入る
　　信頼度は約 95%

　30 代女性の 1 ヶ月の美容代を推定するケースを考えます。調査から得られた標本データが [1.2, 2.0, 0.7, 3.5, 4.2, ……, 3.5]（単位：万円）であるとします。

点推定の場合

「30 代女性の 1 ヶ月の美容代の平均値は 2 万円」（1 つの数値で推定）

　この推定の問題点は、標本から求めた推定値は誤差を含むにも関わらず、点推定値だけでは、どれくらいの誤差があるのかがわからないことです。つまり上記の判断がどれくらいの確率で正しいのかが言えないのです。

区間推定の場合

「30 代女性の 1 ヶ月の美容代は 0.5 万円と 4.5 万円の間にある。ただし、この判断が正しい確率は 95％ である」

　今回、信頼度 95％ で、信頼区間は [0.5, 4.5] と推定しています。このように、判断がどれだけ正しいかを確率の形で与えています。

　信頼区間が広い方が「安全の方」に推定していることになります。しかし同時に、信頼区間が広い場合、確度の高い推定が難しく、母数の推定に誤差が大きいことを意味します。

5.2 推定統計量における偏り

この節では、標本分散が計算される過程を踏まえて、推定された統計量が真の値にできるだけ近い（＝偏っていない）不偏推定量になるように補正する方法を紹介します。「自由度」というデータ解析に重要な概念もよく理解しましょう。

5.2.1 不偏推定とは

統計的推定では、真の値である母数と比較して「偏っていない」統計量を標本から推定することを目指します。

ここでいう「統計量の偏り」とはなんでしょうか？

実は、5.1.1 ～ 5.1.3 式のように普通に[1]標本から統計量を計算すると、**推定した統計量は、母数より大きくまたは小さくなりやすい**ことがあります。例えば、記述統計学と同じ要領で標本サイズ n をそのまま計算式に使って計算した分散は、母集団の分散より小さくなる傾向にあることがわかっています。

この問題への対策として、**偏りを補正した標本統計量**である不偏推定量（Unbiased Estimator）を使います。

式 5.2.1 の標本分散は分母に n を用いて計算されています。これに対して**式 5.2.2** では、データの標本平均 $\bar{x}$ からの偏差の二乗和を n で割るのではなく、代わりに n（標本サイズ）から 1 を引いた n-1 で割っています。この新

---

[1] ここで「普通に」とは（記述統計学と同じ要領で標本サイズ n をそのまま計算式に使うことで）を指します。

しい推定量を不偏分散 (Unbiased Variance) と呼び、n-1 を自由度と呼びます。

$$S^2 = \frac{(x_1-\bar{x})^2+(x_2-\bar{x})^2+(x_3-\bar{x})^2+\cdots\cdots+(x_n-\bar{x})^2}{n} = \frac{1}{n}\sum_{i=1}^{n}(x_i-\bar{x})^2 \qquad \text{式5.2.1}$$

$$\hat{S}^2 = \frac{(x_1-\bar{x})^2+(x_2-\bar{x})^2+(x_3-\bar{x})^2+\cdots\cdots+(x_n-\bar{x})^2}{n-1} = \frac{1}{n-1}\sum_{i=1}^{n}(x_i-\bar{x})^2 \qquad \text{式5.2.2}$$

　不偏推定量は、記号「^」(ハットと発音する) を使って表記する慣習があります。偏らない統計量を用いて母数を推定することを不偏推定と呼びます。

考え方としては、分母を少し小さくすることで計算された分散の値が少し大きくなって、より母分散に近づけることができます。

　一方で、平均に関しては、標本平均が母平均に対して偏っていないことがわかっており、**標本平均をそのまま母平均の不偏推定量**とします。

覚えましょう！

標本分散　$S^2 = \dfrac{(x_1-\bar{x})^2+(x_2-\bar{x})^2+(x_3-\bar{x})^2+\cdots\cdots+(x_n-\bar{x})^2}{\boxed{n}} = \dfrac{1}{n}\sum_{i=1}^{n}(x_i-\bar{x})^2$

$\Downarrow$

不偏分散　$S^2 = \dfrac{(x_1-\bar{x})^2+(x_2-\bar{x})^2+(x_3-\bar{x})^2+\cdots\cdots+(x_n-\bar{x})^2}{\boxed{n-1}} = \dfrac{1}{n-1}\sum_{i=1}^{n}(x_i-\bar{x})^2$

5.2.2 自由度とは

　自由度 (Degree of Freedom) とは、統計学では一般的に「自由に値を取

れるデータの数」と定義されます。ここまで学んだ内容を踏まえて、「◎が
▲の自由度」のような具体的な形で理解していきましょう。

　自由度とは、標本サイズから制約条件の数を引いた値として解釈ことができ
ます。ここで、**制約条件の数とは、計算式に使われる推定量の数**に等しいです。

　サンプルサイズ n の標本の自由度は n そのものです。これに対して標本
を用いて計算する量は「計算の自由度」を考慮する必要があります。
　標本データを用いた推定量には不偏性という性質が求められるということ
を既に 5.2.1 節で学びましたね。不偏性を担保するために、分散の不偏推定
量（不偏分散）を計算する際に、データの標本平均からの偏差の二乗和を「標
本の自由度である n」で割るのではなく、「標本分散の計算の自由度である
n-1」で割りました（**式 5.2.2**）。

　標本平均 $\bar{x}$ を求める際は、独立な n 個のデータを用いるため、自由度は n
です。よって、標本平均の計算式では、データの合計を（n-1 ではなく）n で
割っています。
　一方で、不偏分散は、その計算式の中に、標本平均 $\bar{x}$ の値を含んでいるた
め、この標本平均 $\bar{x}$ が制約条件となって、自由度は n-1 となります。既に
「推定値」である標本平均 $\bar{x}$ が含まれているので、「自由に決めることができ
る値の数」が 1 つ減るからです。
　よって、不偏分散の計算式では偏差（データと標本平均の差）の平方和（二
乗した値の合計）を n-1 で割っています。上記の理屈は慣れるまで難しく感
じるため、もう少し丁寧に説明します。
　標本平均を求める前であれば、統計学としての計算処理の上では、標本を
選び直すことに何の制約もありません（研究倫理上は問題がありえますが）。
1 つでも 2 つでも全部（n 個）でも、自由に選び直すことができます。最大 n
個の標本を自由に選び直せる状況なので、平均を求める際の自由度は n です。
　ところが、標本平均が定まった後では、標本を自由に選び直すことはでき
ません。分散は、平均を求めた後に、その平均の値を用いて計算します。

大事なことなのでもう一度いうと、標本平均を求める前の時点では、n個の標本は完全に独立していました。一方、標本平均を求め、標本平均が定まった後では、n個の標本は独立ではなくなります。n個の標本のうち1つだけデータの値が変わると、標本平均の値は変わってしまいます。標本平均の値が変わらないように標本を選び直そうとすると、制約が生じます。すなわち、**n個の標本は完全に独立ではなく、標本平均という制約条件で縛られ**ています。標本平均が決まり、不偏分散を求める段階では、n個の標本があるものの、それらは1つの制約条件に縛られている、これが自由度n-1の意味です。

現代の統計学で、このように制約条件で自由度を減らす考え方が広く受け入れられているのは、**nで割った標本分散よりもn-1で割った不偏分散の方が、母分散の点推定量として精度が高いことが、数学的な証明によってわかっているため**です。その証明はやや高度な数式を必要とするため、本書では触れません。

 基本的には、標本を用いて平均を計算するたびに自由度が1つずつ減る、と考えればいいでしょう。不偏分散を計算する場合、標本平均を計算に1回使っているので、制約条件の数1だけ自由度を減らして計算されます。

ところで、制約条件が1つではなく複数存在することもあります。例えば、独立性の検定（Chapter 6で紹介する仮説検定の応用）に使われる計算では自由度が2つ減ります。なぜなら、相関係数の計算（**式5.2.3**）において x と y のそれぞれの標本平均を使っているからです。

$$r_{xy} = \frac{1}{nS_x S_y} \sum_{i=1}^{n} (x_i - \bar{x})(y_i - \bar{y}) \qquad \text{式5.2.3}$$

自由度は、不偏分散等を求めるときだけではなく、Chapter 6で学ぶ、統計的仮説検定にも登場します。

5.3　確率について

　ここで改めて確率とは何かを身近な例を通じて振り返りましょう。次の章で取り上げる仮説検定は、確率と切っても切り離せない概念です。

5.3.1　確率とは

　確率とは、**ある出来事がどの程度起こりやすいかを定量的に表した値**です。
　日常生活を送る上で、将来について「絶対に起こる」と断言できるものはほとんどありません。しかし私たちは、絶対的な断言はできなくても、「どの程度起こりやすいか」を知りたいわけです。例えば…

- 雲空を見て傘を持っていこうか悩んでいる。
  - ➡「今日雨が降る確率」を知りたい
- 治療で勧められた薬は副作用が起きる人もいれば起きない人もいる
  - ➡「薬の副反応が起きる確率」を知りたい

「起こりやすさ」の感覚は人によって異なるため、「可能性が高い」や「よくあること」（英語でいうと "likely"）のような主観的で曖昧な表現では、人によって受け取り方が異なります。例えば、「この薬は比較的副反応が起こりにくい」と言われても薬を選ぶときに不安は残るでしょう。
　そこで、「どの程度起こりやすいか」を数値で定量的に表すことが必要であり、それが確率です。
　確率を表す値は必ず以下の2つの条件を満たす必要があります。

①0（0%）と1（100%）の間の数値である
②全ての事象について確率を合計すると1（100%）になる

上記で使った「事象」という言葉は、統計学では出来事や行動、試行、実験、観測などによって生じた結果のことをいいます。

同じ条件のもとで同じ行動をとったとしても、異なる結果が得られることがあります。例えば、薬を服用してから半日以内に「症状が緩和した人」もいれば、「症状が緩和しなかった人」もいます。「薬の効果の現れ」は確率的な事象の一例です[2]。

5.3.2 日常の中での確率の例

「確率的に起こること」すなわち「将来について断言ができないこと」として皆さんは何を連想しますか？ サイコロ投げ、コイントス、ジャンケン、宝くじ、競馬などのゲーム性のあるものを思いつく方も多いでしょう。他にも以下にいくつかの例を挙げてみました。

- 天気予報
- 飲酒や喫煙によって、どれくらい病気になりやすいか
- 新しく開発された薬がある病気の重症化を防げるかどうか
- ある商品 A を購入した人は類似商品 B を 1 ヶ月以内に購入するかどうか

次ページのコラムでは、実生活の中で確率について考察したことを綴っています。

---

[2] 著者は以前、物理学の研究に従事していました。19世紀ごろまでの古典的な物理学では事象を必ず何らかの原因（自然の法則）によって説明できるという因果律的な考え方をしていました。一方で、現代の物理学は、確率的に決まる現象がたくさんあることがわかっています。確率の世界では、偶然の要因によって結果が変わります。それでも、この偶然性は全く予測不能なわけではなく、一定の法則に従っています。この一定の法則を、「確率」という量で理解するのです。

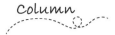

12 個のライチから確率を考える

　筆者の実体験のお話です。ライチという硬い殻に包まれたみずみずしい南国の果物、これを存分に食べられなかった悔しさのあまり、確率の考察をはじめた話をします。後ほど出てくる確率の問題、皆さんも一緒に考えてみましょう。

　殻付きライチをどっさり買って帰り、自宅で夫婦 2 人で 1 個ずつ剝いてゆっくりいただいたときの話です。ライチという果物は外見は立派な丸い形をしていても、殻を剝くと中身が悪くなっていることがあります。

◉ 問題提起

- 12 個の殻付きライチを二人（A と B）で分け合って食べる。
- A が 7 個、B が 5 個という配分
- 12 個のうち 3 個が腐敗しているが、殻を剝かないとわからない

　↓↓

　この時、B がとった 5 個のうち、なんと 3 個とも腐ったものが当たってしまいました。「こんなのあり得なくない！？」と思っているこの現象、**どれくらいの確率で起きていますか？**

　私は 2 つの解を思いつきました。解法 1 は良いライチを連続で 7 個選んだ A に着目し、解法 2 は B の不運に着目します。解法 1 の方が簡単です。

◉ 解法 1

　12 個のうち良いライチは 9 個なので、A が 1 個ずつ「良いライチを取り出す確率」を 7 回繰り返す設定で、7 つの確率値を掛け合わせます。それぞれの確率値の分母はそのとき残っているライチの総数、分子は残っている「良いライチ」の総数です。

$$\frac{9}{12} \times \frac{8}{11} \times \frac{7}{10} \times \frac{6}{9} \times \frac{5}{8} \times \frac{4}{7} \times \frac{3}{6} = \frac{1}{22}$$

● 解法 2

上記の簡単な解法はなんだか、面白くないなあ … と、別の計算を考えてみました。

解法 1 と同じように、ライチを順番に取り出すことを想定し、「先に良いライチを 2 個立て続けて取り出した後に悪いライチを立て続けで 3 個取り出す」(*) というシナリオの確率の積を計算します。

(*) とは異なる順番もあり得るので、上にはさらに「**5 個から 2 つを選ぶ**」**組み合わせ** $_5C_2$ を掛けます。以下のとおり計算すると、解法 1 と同じ 1/22 の確率になります。

良いライチを 2 個取る確率：$\dfrac{9}{12} \times \dfrac{8}{11}$ …①

悪いライチを 3 個取る確率：$\dfrac{3}{10} \times \dfrac{2}{9} \times \dfrac{1}{8}$ …②

$① \times ② \times {}_5C_2 = \dfrac{1}{22}$ …$_5C_2$ は $\dfrac{5 \times 4}{2 \times 1}$ を意味します

ということで、可哀想な B は大好きなライチを 5 個取ったのに 2 個しか実際食べられませんでした。しかも確率が 1/22 しかないレアな**不運な現象**に遭っています。

いかがでしたか？ 日常の中で、確率的に起こる出来事に好奇心を持つことで、統計学や数学の問題に気付けますね。

5.4 確率変数と確率分布

　サイコロが出る目の確率の分布と新生児の体重の確率の分布は同じ形状になると思いますか？

　前者を表す確率変数は離散型、後者を表す確率変数は連続型です。この節では、離散型と連続型という2種類の確率変数・確率分布の特徴や使い道を学びます。

5.4.1 確率変数とは

　一般的に数学やプログラミングにおける「変数」とは、「様々な値を保持できる箱」のようなものです。同様に、確率変数は確率的に決まる変数です。何らかの**試行をすることで確率変数の結果（とる値）が確率的に決まります**。

　確率変数は、慣習的に X のように、大文字のアルファベットで表されます。確率を表す記号は P（"probability" の頭文字）を使うことが多く、確率変数 X に紐づく確率を P (X) のように表します。また、X の値が a をとるときの確率を P (X=a) と表すことができます。確率変数のとる値とその値が実現する確率の関係を表したものが確率分布（Probability Distribution）と呼ばれます。例えば、「サイコロを振った時に6が出る確率はどのくらい？」に関して、6（確率に決まる値）にあたるのが確率変数です。つまり P (X=6) を求めます。

　確率変数には**離散型**と**連続型**の2種類があります。同様に、確率分布にも、離散的な確率分布、連続型の確率分布があります。それぞれについて具体例を通し理解を深めていきましょう。

　確率変数がとびとびの値（離散的な値）をとる場合、離散型の確率変数と呼びます。例えば、コインの表裏（1：表、2：裏）や人数（1, 2, 3, …）などは離散的な値をとるので、これらは離散型の確率変数です。

　離散型の確率変数がとれる値と確率の対応関係は「表」の形で表現することができます。具体例として普通のサイコロを振った時のとりうる値とその確率を考えましょう。表 5.4.1 のように、値が a（a = 1, 2, 3, 4, 5, 6 のどれか）となる確率は、P（X=a）= 1/6 となります。

表 5.4.1　サイコロの出る目 a とそれに対応する確率 P（X=a）

a	1	2	3	4	5	6
P（X=a）	1/6	1/6	1/6	1/6	1/6	1/6

　表 5.4.1 のように、X のとりうるすべての値と確率 P（X）の対応関係を一覧にしたものを離散型確率変数の確率分布といいます。グラフで表すと、今回のサイコロの例では一様分布をとる離散的な棒グラフになります（図 5.4.1 左）。

　一様分布にならない場合もあります。例えば、定員 4 名の遊園地アトラクションに乗る人数の分布を考えましょう。1000 回の観測結果という標本に基づいて確率を計算するとします。1000 回のうち、1 人乗りが 100、2 人乗りが 500、3 人、4 人乗りがそれぞれ 200 回ずつ観測されたとします。この場合、表 5.4.2 および図 5.4.1 右に示した分布になります。2 人乗りが多く、1 人乗りが少なく、離散型の分布ではありますが一様分布ではありません。

表 5.4.2　アトラクションに乗る人数 a とそれに対応する確率 P（X=a）

a	1	2	3	4
P（X=a）	10%	50%	20%	20%

図 5.4.1　（左）サイコロの目が出る確率を表す一様分布（右）表 5.4.2 の乗り物の人数を表す非一様分布

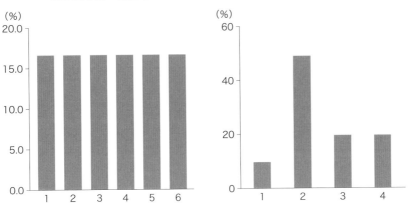

※　これらの分布が作成されたサンプルは P.10「ダウンロード」の URL を確認「(5.4) 一様・非一様分布 .xlsx」

Chapter 5.4.2 演習

　コインを投げて、表が出たら 1、裏が出たら 0 という値をとる確率変数 X を考えましょう。この試行において起こり得る事象とその確率を、記号 P を用いて表してください。

Chapter 5.4.2 解説

　X=1 は確率 1/2 で発生します。X=0 も確率 1/2 で発生します。
それを以下のように表すことができます。

$P(X=1) = 1/2$
$P(X=0) = 1/2$

以上をまとめると、確率変数とは、試行の結果、値が決まる変数で、さらに確率を代表する変数のことだということを理解できましたね。

5.4.3 連続型の確率変数

　連続型の確率変数とは，**確率変数のとりうる値が連続的かつ、とりうる値の種類が無限にある**ということです。例えば、身長や体重、製品の重さ、電池の寿命などは測定値が連続な分布をとります。この場合、離散型と異なり、表を使って確率変数の値と確率の対応関係を表せず、連続的な曲線関数で分布を表します。この曲線のことを**確率密度関数**(Probability Density Function) と呼びます。

　図 5.4.2 に確率密度関数の一例を示しています。これは、ある製品の平均寿命が 50 年であるとして，その寿命に対する確率密度関数のグラフを示したものです。横軸は寿命を表す確率変数 X であり、縦軸は X がとる値に対応する確率[3]P (X) です。

　確率密度関数の曲線と横軸で囲まれた面積は確率に対応します[4]。例えば、図 5.4.2 の影付き部分の面積は製品寿命が 51 年と 51 年 6 ヶ月の範囲に入る確率を表します。

　全ての事象の確率を足し合わせると 1 になるため、**確率密度関数の下の全面積は 1 に等しい**のです。

図 5.4.2　製品の寿命を表す確率密度関数。影付き部分は製品の寿命が 51-51.5 年の間になる確率を表す

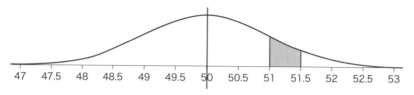

---

[3]　厳密には確率ではなく、確率密度です。連続型では、50 というと、50.000000000000000... と永遠に 0 が続く値を意味し、50.000000000000001 のように少しでもずれているものは異なる値とみなされます。永遠に 0 が現れる確率は無限に小さく、50 ぴったりの値をとる確率は 0 です。そこで、連続型の確率変数の確率は、「確率密度の積分」によって求めます。例えば、50.00 となる確率は、小数第 3 位で四捨五入することを定めた上で、確率密度関数を 49.995 〜 50.005 の範囲で積分して求められます。

[4]　確率密度関数と横軸で囲まれた面積は、高校数学などで習う「積分」で求められます。確率変数が特定の区間に入る確率は、確率密度関数をその区間で積分した値に等しいです。

　次の Chapter 6 で学ぶ仮説検定では、確率変数がとる値がある範囲（区間）に収まる確率に着目します。この確率は該当区間において確率密度関数と横軸で囲まれた領域の面積に等しいです。

　ここまでは、離散型の確率変数と連続型の確率変数の分布をみてきました。一度復習をしましょう。

- 確率分布とは、確率変数のとりうる値とその値が実現される確率の関係を表した分布です。
- 確率変数に離散型と連続型があるのと同様に、確率分布についても、人数、個数などの場合は離散的な確率分布、売上などは連続型の確率分布を用いることが多いです。
- 確率分布を観察することによって、確率変数がどのような値をとりやすいかを、ある程度定量的に知ることができます。

5.5 2項分布

成功か失敗か、陽性か陰性かなど、結果が2通りしかない試行が日常の中でよくあります。これをベルヌーイ試行といい、これを複数回実施したときの確率分布を2項分布といいます。この節では、この2項分布の性質を学びます。

5.5.1 どんなときに2項分布を使うのか

2項分布 (Binomial Distribution) は、2通りの結果しかない、互いに独立した試行を n 回実施したときに、ある事象が何回起こるかを表す確率分布です。

具体的には、以下の例が挙げられます。

例

- コインを5回投げたときに裏が3回出る確率[5]
- 100人にある治療を施したときに80人に症状の緩和が見られる確率
- 患者100名の腫瘍を精密検査したところ、10名が悪性になる確率

上記のような「結果が2通りしかない試行」をベルヌーイ試行 (Bernoulli Trial) と呼びます。「2通りしかない」がポイントです。例えば、「サイコロを投げて、6が出るのか、6以外が出るのか」はベルヌーイ試行に該当するが、「サイコロを投げて、どの目が出るか」はベルヌーイ試行には該当しません。

---

[5] サッカーなどの試合の前にコイン・トスをしますが、実は表と裏がそれぞれ1/2の確率で出るという話は厳密には正しくありません。投げる人はある程度訓練することで表または裏になる確率を上下させることができると言われています。ちなみにかつて、コロンビア対パラグアイの試合の時に、地面にコインのふちがはまった状態で止まっていたそうです。
参考：https://www.youtube.com/watch?v=4_n-HlDe5hQ

5.5.2 2 項分布における確率の計算

　ある実験において、成功 (1) と失敗 (0) が同じくらい起きやすいとします。このとき、1 回の試行で成功と失敗する確率はそれぞれ以下のように記述できます。

　1 回の試行で成功する確率：　$P(X=1)=1/2$
　1 回の試行で失敗する確率：　$P(X=0)=1-P(X=1)=1/2$

　この時、1 回目、2 回目ともに失敗し、3 回目に成功する確率は、$P(X=0, X=0, X=1)=1/2 \times 1/2 \times 1/2=0.125$　となります。

　一般的な形で記述すると、成功する確率を p としたとき、n 回の試行で k 回成功する確率は式 5.5.1 のようになります。

　$P(p,n,k)={}_nC_k \cdot p^k \cdot (1\text{-}p)^{(n\text{-}k)}$　　式 5.5.1

5.5.3 2 項分布の形と試行条件への依存性

　試行の条件を色々と変更しながら、式 5.5.1 で計算される確率の分布の形状を観察していきましょう。

　まず、成功確率 p を 1/2 に固定し、実験を行う回数 (試行回数) を 10、20、50、100 回と増やした場合、成功する回数に対応する確率のグラフは図 5.5.1 のようになります。横軸は成功回数 k を、縦軸は式 5.5.1 で計算されたそのときの確率を表します。

図 5.5.1　成功確率 p を固定し、試行回数 n を増やした場合の確率分布の変化

確率 P(p=0.5, n, k)

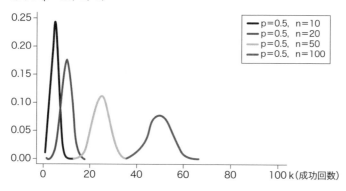

次に、試行回数 n を 50 回に固定し、成功確率 p を変化させてみましょう。

確率 p の大きさ（10％、20％、30％、50％、80％）に応じた確率分布の変化は図 5.5.2 に示されています。

図 5.5.2　試行回数 n を固定し、成功確率 p を増やした場合の確率分布の変化

確率 P(p,n=50,k)

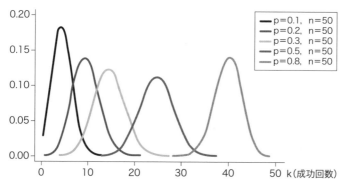

図 5.5.1 と図 5.5.2 により、試行回数 n を大きくした時、及び、成功確率 p を大きくした時は、いずれも 2 項分布の曲線が右側にシフトしていくことが確認できます。

確率が小さい事象に対して、二項分布を近似したポアソン分布がよく使わ

れます。ポアソン分布は、「ランダムに起きる事象」がある期間に何回起こるかの確率を調べるときに用いる確率分布です。どの時刻でも同様な起こりやすさでランダムに起こる現象と仮定した場合に「単位時間あたりに平均 N 回起こる現象が、単位時間に k 回起きる確率」(N、k は整数)を表すのに使われます。

　例えば、工場の製品が正常か異常かの確率を考えるときに、確率が小さい現象とは「異常であること」です。正常品が異常品よりも圧倒的に多いからです。

　ポアソン分布は試行回数が多いのに対し、注目する事象(この場合は「異常品」)の発生確率がとても小さい場合によく使われます。

5.6　正規分布

　正規分布は統計学で最も大切な確率分布の 1 つです。社会現象や自然現象を説明するのに頻繁に用いられます。また、Chapter 6 で学ぶ統計的仮説検定はほとんどの場合、正規分布または標準正規分布に基づいています。

5.6.1　正規分布の特徴

　正規分布 (Normal Distribution) は図 5.6.1 のような**左右対称の山形分布**をしています。この図では**平均 μ、標準偏差 σ の正規分布**を描いています。

　「機械で作ったシュークリームの重さ」を例として使って説明します。

　シュークリームを 100g になるように作るように機械を設定しても、毎回ぴったり 100.00g になるとは限らず、100.01g になったり、99.99g になったりします。このように、100.00g の前後に実際の値がぶれます。そこで 100 個のシュークリームの重さを測定・記録したデータは以下にようになります。

　100.01, 100.00, 100.02, 99.97, 100.00, 100.01, 100.01, 100.00, 100.02, 100.01,……… 100.02, 99.94, 100.00, 100.02

　このデータをプロットすると、図 5.6.1 のような正規分布になるはずです。

　社会現象や自然現象で観察される、誤差やばらつきのある事象の確率分布は、正規分布になることが多いことが知られています。正規分布は、データの平均からのずれの程度を表す分布と考えることができます。ここで「ずれ」は測定値と基準値の差分を指します。

図 5.6.1　正規分布。平均値 μ を中心とし、標準偏差 σ をひろがりの程度とする、左右対象の形

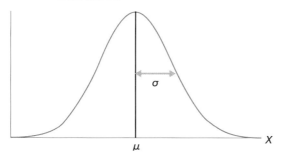

以下は、正規分布についての大事なポイントです。

覚えましょう！

- 平均を中心とする左右対称の山型分布（つり鐘型分布）である
- 山の頂上における横軸の値が正規分布の平均値である
- 標準偏差は平均から山の変曲点（中腹）までの距離に相当する
- 両側の裾が横軸に漸近する（漸近 = 限りなく近づいていく）
- 分散（標準偏差）が大きくなると、曲線の山は低く、裾が左右により広がっていく。分散（標準偏差）が小さくなると、山は高く、裾の広がりが小さくなる
- 標準偏差を σ を表すと、平均から $\pm 1\sigma$ の範囲に全体の約 68％のデータが収まり、平均から $\pm 2\sigma$ の範囲に約 95％の値が収まる

平均値と最頻値と中央値が一致するのも正規分布の興味深い特徴です。左右対称なのでこのような特徴を持ちます。

平均 μ、標準偏差 σ の正規分布は "normal" の頭文字 N をとって、N（μ, σ^2）と表記することがあります。平均 0、標準偏差 1 の正規分布を標準正規

分布といい、N (0, 1) と表記されます。

5.6.2 身近な正規分布の例

　ばらつきを伴う事象の発生頻度を観察すると、多くの場合それが正規分布に従います。正規分布に従う身近な例をたくさん見つけることができます。

例

- 特定の年齢層と性別における身長の分布
- 大規模な模試の点数分布
- 東京都の梅雨入り / 梅雨明けの日付の分布
- 上野公園の桜開花の日付の分布

　完璧なつり鐘の形から多少の歪みがあっても、これらはおおよそ正規分布の形をとります。そして、**データ量が多ければ多いほど綺麗なつり鐘の形に**なります。正規分布を理解することで、不良品などの異常値、物事の偏りを観察しやすくなります。

　では、なぜ多くの事象がこのようなつり鐘の形に従うでしょうか。
　実は、誤差（ばらつき）を伴う事象について同じような集計をし続けるとなぜか正規分布に近づいてくるのが自然の摂理そのものらしいです。

　そもそも、自然が人間が作った分布に従うわけがなく、その逆です。人間（統計学者）が自然現象を汎用的に捉える確率密度関数モデルを作った、というのがベストな答えかもしれません。

Column

正規分布について

　正規分布は18～19世紀に活躍したドイツ人の数学者・物理学者のヨハン・カール・フリードリヒ・ガウス（ドイツ語表記：Johann Carl Friedrich Gauß）によって発見されました。ガウスが天文学の観測データから測定誤差がある法則に従うことを導き出したのが経緯です。そのため、正規分布は、「ガウス分布」や「ガウシアン分布」（Gauss distribution／Gaussian distribution）と呼ばれることもあります。

　一方で、正規分布の英語名にある"normal"はどんなことを意味しているのでしょうか？諸説がありますが、"normal"とは「ありふれた」や「通常の」を意味します。自然界や人間の行動・性質などの現象に対して「この世でもっとも当てはまる分布」ということを意味すると言われています。

　実は、2項分布において試行の回数を無限に増やすと、その試行結果の分布は正規分布に近づきます。実に面白い現象ですね。

5.6.3 正規分布のビジネスにおける活用例

　正規分布における平均と標準偏差の本質を理解できると、ビジネス場面における強みやリスクが直感的にわかるようになります。以下の疑問と答えをみてください。

Q.1

　ある商品の1日あたりの販売個数は正規分布に従うとします。これまでのデータから、1日の平均販売数は100個、標準偏差は15個でした。この場合、「あまり売れなかった日」と「そこそこ売れた日」はそれぞ

れ、何個くらい売れたと予測できますか？「どちらかというと売れた /
売れなかった」の程度の話なので、1σレベルで考えます。

A. 1

- 「あまり売れなかった日」：85個未満だった日（100−15）
- 「結構売れた日」：115個よりも多かった日（100＋15）

このような考え方は、在庫管理を最適化したり、施策を立てたりする
ことに便利です。例えば、±σの範囲外の日があまりにも頻発するよう
になったら、売れ行きの傾向が変わってきたと言えるかもしれません。

Q. 2

ビジネスの投資を検討しています。1ヶ月の総売上が標準分布に従う
とします。

このとき、目当ての事業の平均総売上が5000万円程度と聞くと、儲
かっている事業だなあ、と感心してもいいでしょうか？

A. 2

月の平均売り上が5000万円という単一の数字だけ聞くと、統計学に
あまり馴染みのない人は「すごく売れている！」とすぐに感心するかも
しれません。

しかし1つの数字で物事を捉えるのは危険です。平均だけではなく、
標準偏差も検討する必要があります。

平均が5000万に対して、標準偏差が2000万と聞いたらどう思います
か？ 振れ幅が多すぎるため、リスクの大きい商売に思えてしまい、投
資をためらいますね[6]。

---

[6] 平均値が安定しているなら、投資先として問題がないという経営判断もありえます。

226

5.7 標準正規分布（Z 分布）

標準正規分布とは、平均が 0 で標準偏差が 1 の正規分布のことです。この「平均を 0（ゼロ）に、標準偏差を 1」に変換する処理を「標準化」と言い、データ分析において重要な処理です。まず、この「標準化」について見ていきましょう。この操作により、平均が 0 で標準偏差が 1 のデータになります。

5.7.1 標準化と正規化

標準化とは、各データ値から全データの**平均値を引いて、標準偏差で割り算**する操作です。**式 5.7.1** は、この操作を数式で表したもので、この $\hat{x}_i$ は標準化されたデータであり、「標準化変量」と呼びます。

$$\hat{x}_i = \frac{x_i - \mu}{\sigma} \qquad \text{式 5.7.1}$$

式 5.7.1 では母集団の平均（μ）と標準偏差（σ）が既知であることを前提にしており、それらの母数を標準化に用いています。母数が未知の場合は標本から計算された統計量を使うこともあります。

もう 1 つの処理は正規化（Normalization）です。正規化とは**データを 0 〜 1 の範囲内に揃える**ことです。この操作は正規化はスケーリングとも呼ばれ、以下のような計算を行います。

（データの値 − 最小値）/（最大値 − 最小値）

標準化も正規化も**データを扱いやすくしデータ分析の精度や効率を改善**し、単位や範囲の異なるデータを比較しやすくするために行います。

具体例を挙げると、肺活量、心拍数、血中酸素濃度などスケール（桁数）

や単位が異なる複数の変数をデータ分析で扱うと仮定します。正規化または標準化を施すことによって、無次元の値（単位のない値）に変換し、値の範囲を整えることができます。そうすると、データ間の比較がしやすくなり、データ分析の精度が上がりやすくなります。

　標準化に対する正規化の欠点は、外れ値、偏り、最大値と最小値に敏感に反応しやすいことです。これに対して、**標準化の強みは、データの外れ値や偏りの影響を受けにくく、分布全体の形状や傾向を反映できる**ことです。標準化を用いてデータの外れ値や偏りを補正できます。

　図 5.7.1 はデータを標準化する前と後の分布の比較です。標準化を行うことで0から右に偏り左右に広がった分布が、0を中心としたシャープな形に近づいてきています。

図 5.7.1　標準化前後のデータの分布の変化

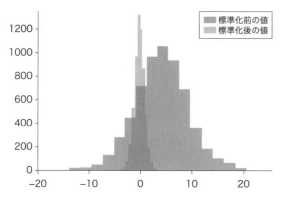

最近話題の機械学習でも学習データをモデルに入力する前に標準化を行うことがあります。例えば、ニューラルネットワークでは、データが多数のニューロン層を通過する中で分布に少しずつ偏りが出てきてしまいます。このとき、標準化をすることで、この偏りが補正され、効率よくモデルの学習ができるようになります。

5.7.2 標準正規分布の特徴

ここから、この節の本題である確率分布の話に入ります。

式 5.7.2 のように、正規分布の確率変数（X）を標準化した確率変数（Z）はZ値といいます。**正規分布に従う確率変数のZ値は平均0、分散1の正規分布に従います。**標準化した正規分布を標準正規分布（Standardized Normal Distribution）あるいはZ分布と呼びます。

$$Z = \frac{X - \mu}{\sigma} \qquad \text{式5.7.2}$$

図 5.7.2 に標準正規分布が示されています。正規分布と標準化正規分布の形は同じで、横軸の統計量、中心や広がりを表す量の尺度が異なるだけです。言い換えると、正規分布は、標準正規分布の縦横の拡大比率が変わったものです。

確率変数 X が従う正規分布は、$N(\mu、\sigma^2)$ と表されますが、標準正規分布は平均 $\mu = 0$、標準偏差 $\sigma = 1$ の正規分布のことですから、$N(0.1)$ と表されます。

正規分布に従う X は確率変数であるため、差分 X − μ も確率変数であるはずで、その発生確率に注目するという考え方に基づいています。

図 5.7.2　平均が 0、標準偏差が 1 である標準正規分布

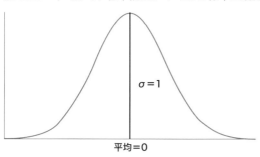

5.7.3　正規分布の正規化は何が便利か

　正規分布の標準偏差 σ は、データの分布を把握する上でよく使われる指標です。

　なぜなら、分布の中心からの距離が全て σ（正規分布の標準偏差）の単位で表現できるからです。この点が非常に重要です！

　理解を深めるために、正規分布と標準偏差の関係を図 5.7.3 から見てみましょう。図 5.7.3 は、正規分布の曲線と、標準偏差 σ の 2 倍、3 倍の範囲を示したものです。統計学の分野では慣習として、$-\bigcirc\sigma \sim \bigcirc\sigma$ の区間のことを、「$\bigcirc\sigma$ 区間」（発音：$\bigcirc$ シグマ区間、$\bigcirc$ には数字が入る）と呼びます。

　実験や調査の結果を議論するときに、「2σ 以内に収まっている」や「3σ 以上離れている」といった表現を聞くことがあります。これらを式 5.7.2 の Z 値 $\frac{x_i-\mu}{\sigma}$ と一緒に考えてみましょう。正規分布を標準化すると、**データ値がおおよそ正規分布のどの位置にあるのかがわかりやすくなります。**

　「2σ 区間以内」とは、Z 値が -2 と 2 の間にあることを意味します。**これは $-2\sigma \leq x_i-\mu \leq 2\sigma$ 、あるいは $-2 \leq \frac{x_i-\mu}{\sigma} \leq 2$ が成り立つことと等価**です。

　同じく、「3σ 区間の外」とは、「$x_i-\mu > 3\sigma$ または $x_i-\mu < -3\sigma$」を意味し、Z 値を使って、「$\frac{x_i-\mu}{\sigma} > 3\sigma$ または $\frac{x_i-\mu}{\sigma} < -3\sigma$」（$Z > 3$ または $Z < -3$）と表されます。

図 5.7.3　正規分布とσ区間との関係性

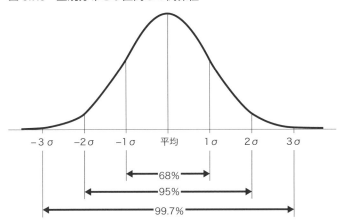

　図 5.7.3 に関して、平均、分散、標準偏差の値によらず、全ての正規分布は以下の性質を満たすことを意識してください。

- 平均値 ±1σ の範囲中は、曲線下の全面積の約 68％ を占める
- 平均値 ±2σ の範囲中は、曲線下の全面積の約 95％ を占める（2σ の代わりに 1.96σ を使うこともある）
- 平均値 ±3σ の範囲中は、曲線下の全面積の約 99.7％ を占める

 正規分布に従う確率変数が分布の中心から 3σ 区間の外にある時、全面積の 0.3％ よりも小さいです。このように平均から大きく離れた値は、発生する確率が極めて低い稀な事象と解釈でき、外れ値や異常値と呼ばれることもあります。

　標準正規分布には、上記のような参照のしやすさという利点があるため、Chapter 6 で学ぶ統計的仮説検定で重要となります。

正規分布の曲線を表す式

正規分布の曲線を表す式（確率密度関数）は次のようになります。ここで、確率変数 x が、平均 μ、分散 σ^2 の正規分布に従います。

$$f(x) = \frac{1}{\sqrt{2\pi\sigma^2}} \exp\left[-\frac{(x-\mu)^2}{2\sigma^2}\right]$$

また、標準正規分布（Z 分布）の確率密度関数は次のようになります。

$$f(z) = \frac{1}{\sqrt{2\pi}} e^{-\frac{z^2}{2}}$$

これらはいずれも確率密度関数を全区間で積分すると 1 になります。

5.8 中心極限定理

以下の状況を考えてみましょう。

あるデータセンターにおいて比較的安定に保たれている電流値を、毎日1時間ごとに測定した場合、1年間で 365×24 = 8760 件の標本データが集まります。この標本抽出の作業を、2人が独立に実施し、それぞれ標本平均を求めたとします。2つの平均値はどれくらい近いのでしょうか。

2人の標本が同一の母集団からサンプリングできていれば、2つの平均値は互いに近いはず、かつ真の母平均に近いはずです。

上記のような現象を説明できるのが中心極限定理(Central Limit Theorem)です。この美しい自然界の定理は、統計学における正規分布の重要さを強調してくれる存在です。

5.8.1 中心極限定理の主張とは

🔗 中心極限定理

平均が μ、分散が σ^2 の母集団から大きさ n の標本を無作為抽出し、標本平均をとします。このとき、もとの母集団がどんな分布であっても、「標本平均 $\bar{x}$ が従う分布」は、平均 μ、分散 σ^2/n(標準偏差 $\sigma/\sqrt{n}$)の正規分布で近似できます。標本サイズ n が大きければ大きいほどよい近似になります。

上記で、「n が大きい」目安は 100 以上と言われています。あくまでも目安です。

さて、中心極限定理をもっと直感的に理解してみましょう。

ここで、母集団から無作為に抽出したサイズ n の標本を $\{x_1, x_2, \cdots, x_n\}$ とします。中心極限定理によると、n が十分に大きいとき、標本平均およびそれを標準化した統計量について、以下が成立します。

$$\bar{x} = \frac{x_1 + x_2 + \cdots\cdots + x_n}{n} \sim N\left(\mu, \frac{\sigma^2}{n}\right) \qquad \text{式5.8.1}$$

$$\bar{x} - \mu \sim N\left(0, \frac{\sigma^2}{n}\right) \qquad \text{式5.8.2}$$

$$\frac{\bar{x} - \mu}{\sigma/\sqrt{\pi}} \sim N(0,1) \qquad \text{式5.8.3}$$

式 5.8.1 〜 5.8.3 の解釈としては、n が大きいほど、標本平均が母平均に近づき、「標本平均の分散」が小さくなります（分母に $\sqrt{n}$ があるため）。

また、式 5.8.3 は $\bar{x}$ を標準化したもので、Z 統計量と言います。この式から、n が大きくなるにつれて、Z 統計量の従う分布が標準正規分布に近似できることがわかります。

1 点注意していただきたいのは、ここで議論しているのは、標本の値そのものではなく、「標本の平均値」の分布であることです！

Chapter 6 では Z 分布を用いた仮説検定を行います。その際、式 5.8.3 でも現れた、以下の「Z 統計量」を使います。

標準化した
標本平均 $\qquad Z = \dfrac{\bar{x} - \mu}{\sigma/\sqrt{\pi}} \qquad$ σ：母分散
n：サンプルサイズ

5.8.2 正規母集団の標本平均についての定理

中心極限定理とよく似ているようで、やや違う定理があります。

以下は、正規分布に従う母集団から抽出した標本の平均についての定理です。

平均値 μ、分散が σ^2 の正規分布に従う母集団から大きさ n の標本を取り出した場合、標本平均は平均が μ、分散が σ^2/n の正規分布に従う。

この定理は母集団が正規分布に従っていれば n がどんな値であっても近似ではなく厳密に成り立つのが特徴です。

これに対して、**中心極限定理は n が大きい場合（目安は 100 以上）が対象であり、そして、母集団がいかなる分布でも成り立つのが特徴です**。中心極限定理がいかに汎用性が高く便利な定理なのかがわかりますね。

5.9 偏差値はどうやって計算される？

　客観的に学力を評価するための指標として偏差値があります。学生たちは試験結果の学年偏差値、あるいは志望校の全国偏差値をよく気にしますね。「偏差値が70の大学はレベルが高い」や「平均点だと偏差値が50」のような感覚を持っている方が多いでしょう。

　突然ですが、以下の2つの場合のどちらの方が高い成績と言えるのでしょう。

- 偏差値の低い大学の入試で100点中70点をとった
- 超難関大学の入試で100点中70点をとった

※成績が人生の全てという考え方は適切ではないと思います。ここではあくまでも統計学を解説するために「点数だけで優劣が決まる」と仮定します！

　ここで、よく偏差値という指標が使われます。実は偏差値の計算は確率分布と密接に関連します。

　期末試験において数学で60点（100点満点）、英語で85点（100点満点）をとった場合、その情報だけで、数学が英語よりも悪かったと言い切ってよいでしょうか。

　統計学の世界では単一の数値で物事を判断することはほとんどしません。今回も判断するために、この生徒の点数だけでなく、他の生徒の点数に関する情報が欲しくなります。さらに標準偏差の値も使い、標準化することで、様々な得点ばらつきの場合においても、客観的に良い成績かどうかを判断することができます。これが「偏差値」です。

点数の偏差値は、全生徒の点数を考慮した指標なので、ときには学年順位よりも良い学力判断の材料になります。

上記の例で、数学と英語のそれぞれの偏差値を計算するということは、実は、**それぞれの教科の点数を標準化する**ことと等価です。

偏差値は**式 5.9.1** のよう計算されます。ここで、x_i が i 番目の点数、μ が母集団（受験生全員）の平均点数、σ が母集団の標準偏差です。

$$T_i = 50 + 10 \times \left(\frac{x_i - \mu}{\sigma} \right) \qquad \text{式5.9.1}$$

このように、**式 5.9.1** の $\frac{x_i - \mu}{\sigma}$ の部分には標準化の式が含まれています。

もとの試験点数が正規分布に従う場合、偏差値は、平均 50、標準偏差 10 の正規分布で表されることが知られています。**図 5.9.1** に偏差値の確率分布 N（50、10）が示されています。

図 5.9.1 生徒の得点が正規分布に従うとき、偏差値の確率分布 N（50、10）の面積は、ある偏差値の範囲（図では 70）の人が占める割合を表す

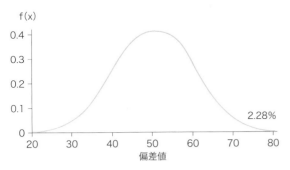

5.7 節の復習となりますが、平均や分散、標準偏差の値に関わらず、正規分布の曲線は以下の性質を満たし、これは偏差値に対しても同じことが言えます。

生徒の点数が正規分布に従うとき、

- 平均値 ± 1 σ の範囲中に、全体の約 68% ➡ 偏差値 40 〜 60 の範囲
- 平均値 ± 2 σ（± 1.96 σ）の範囲中に、全体の約 95% ➡ 偏差値 30 〜 70
- 平均値 ± 3 σ の範囲中に、全体の約 99.7% ➡ 偏差値 20 〜 80

試験の平均点と標準偏差を求め、**式 5.9.1** を計算することによって、「A点〜B点までに何割の人がいるのか」といえるようになります。

以下の演習で理解を深めていきましょう。

chapter 5-1 演習

20000 人の受験生がいた場合、偏差値 75 の学生の成績はおおよそ何位くらいになるのかを求めてください。点数は正規分布に従うとします。

解答・解説

偏差値 75 を **式 5.9.1** に代入すると、

$$75 = 50 + 10 \times \left(\frac{x_i - \mu}{\sigma} \right)$$

となり、これを式変形すると、以下の形になります

$$(x_i - \mu) = 2.5\sigma$$

つまり、偏差値 75 は正規分布において 2.5 σ の位置にあります。標準正規分布（Z 分布）を使って考えるのであれば、さらに以下の式に変換されます。

$$Z = \left(\frac{x_i - \mu}{\sigma} \right) = 2.5$$

以下にある標準正規分布表は全体の面積を 1 としたときの、Z = 0 から右側（Z 〜 + ∞ の範囲）の面積を表しています。これを参照すると、2.5 σ 以上の領域の占める面積は全体のおよそ 0.0062（0.6%）です。

したがって、20000 × 0.6% = 120 となり**偏差値 75 の成績は 20000 人中、おおよそ 120 位に相当します**。

表 5.9.1　Z 分布表

Z	0.00	0.01	0.02	0.03	0.04	0.05	0.06	0.07	0.08	0.09
0.0	0.50000	0.49601	0.49202	0.48803	0.48405	0.48006	0.47608	0.47210	0.46812	0.46414
0.1	0.46017	0.45620	0.45224	0.44828	0.44433	0.44038	0.43644	0.43251	0.42858	0.42465
0.2	0.42074	0.41683	0.41294	0.40905	0.40517	0.40129	0.39743	0.39358	0.38974	0.38591
0.3	0.38209	0.37828	0.37448	0.37070	0.36693	0.36317	0.35942	0.35569	0.35197	0.34827
0.4	0.34458	0.34090	0.33724	0.33360	0.32997	0.32636	0.32276	0.31918	0.31561	0.31207
0.5	0.30854	0.30503	0.30153	0.29806	0.29460	0.29116	0.28774	0.28434	0.28096	0.27760
0.6	0.27425	0.27093	0.26763	0.26435	0.26109	0.25785	0.25463	0.25143	0.24825	0.24510
0.7	0.24196	0.23885	0.23576	0.23270	0.22965	0.22663	0.22363	0.22065	0.21770	0.21476
0.8	0.21186	0.20897	0.20611	0.20327	0.20045	0.19766	0.19489	0.19215	0.18943	0.18673
0.9	0.18406	0.18141	0.17879	0.17619	0.17361	0.17106	0.16853	0.16602	0.16354	0.16109
1.0	0.15866	0.15625	0.15386	0.15151	0.14917	0.14686	0.14457	0.14231	0.14007	0.13786
1.1	0.13567	0.13350	0.13136	0.12924	0.12714	0.12507	0.12302	0.12100	0.11900	0.11702
1.2	0.11507	0.11314	0.11123	0.10935	0.10749	0.10565	0.10383	0.10204	0.10027	0.09853
1.3	0.09680	0.09510	0.09342	0.09176	0.09012	0.08851	0.08691	0.08534	0.08379	0.08226
1.4	0.08076	0.07927	0.07780	0.07636	0.07493	0.07353	0.07215	0.07078	0.06944	0.06811
1.5	0.06681	0.06552	0.06426	0.06301	0.06178	0.06057	0.05938	0.05821	0.05705	0.05592
1.6	0.05480	0.05370	0.05262	0.05155	0.05050	0.04947	0.04846	0.04746	0.04648	0.04551
1.7	0.04457	0.04363	0.04272	0.04182	0.04093	0.04006	0.03920	0.03836	0.03754	0.03673
1.8	0.03593	0.03515	0.03438	0.03362	0.03288	0.03216	0.03144	0.03074	0.03005	0.02938
1.9	0.02872	0.02807	0.02743	0.02680	0.02619	0.02559	0.02500	0.02442	0.02385	0.02330
2.0	0.02275	0.02222	0.02169	0.02118	0.02068	0.02018	0.01970	0.01923	0.01876	0.01831
2.1	0.01786	0.01743	0.01700	0.01659	0.01618	0.01578	0.01539	0.01500	0.01463	0.01426
2.2	0.01390	0.01355	0.01321	0.01287	0.01255	0.01222	0.01191	0.01160	0.01130	0.01101
2.3	0.01072	0.01044	0.01017	0.00990	0.00964	0.00939	0.00914	0.00889	0.00866	0.00842
2.4	0.00820	0.00798	0.00776	0.00755	0.00734	0.00714	0.00695	0.00676	0.00657	0.00639
2.5	0.00621	0.00604	0.00587	0.00570	0.00554	0.00539	0.00523	0.00508	0.00494	0.00480
2.6	0.00466	0.00453	0.00440	0.00427	0.00415	0.00402	0.00391	0.00379	0.00368	0.00357
2.7	0.00347	0.00336	0.00326	0.00317	0.00307	0.00298	0.00289	0.00280	0.00272	0.00264
2.8	0.00256	0.00248	0.00240	0.00233	0.00226	0.00219	0.00212	0.00205	0.00199	0.00193
2.9	0.00187	0.00181	0.00175	0.00169	0.00164	0.00159	0.00154	0.00149	0.00144	0.00139
3.0	0.00135	0.00131	0.00126	0.00122	0.00118	0.00114	0.00111	0.00107	0.00104	0.00100
3.1	0.00097	0.00094	0.00090	0.00087	0.00084	0.00082	0.00079	0.00076	0.00074	0.00071
3.2	0.00069	0.00066	0.00064	0.00062	0.00060	0.00058	0.00056	0.00054	0.00052	0.00050
3.3	0.00048	0.00047	0.00045	0.00043	0.00042	0.00040	0.00039	0.00038	0.00036	0.00035
3.4	0.00034	0.00032	0.00031	0.00030	0.00029	0.00028	0.00027	0.00026	0.00025	0.00024
3.5	0.00023	0.00022	0.00022	0.00021	0.00020	0.00019	0.00019	0.00018	0.00017	0.00017
3.6	0.00016	0.00015	0.00015	0.00014	0.00014	0.00013	0.00013	0.00012	0.00012	0.00011
3.7	0.00011	0.00010	0.00010	0.00010	0.00009	0.00009	0.00008	0.00008	0.00008	0.00008
3.8	0.00007	0.00007	0.00007	0.00006	0.00006	0.00006	0.00006	0.00005	0.00005	0.00005
3.9	0.00005	0.00005	0.00004	0.00004	0.00004	0.00004	0.00004	0.00004	0.00003	0.00003
4.0	0.00003	0.00003	0.00003	0.00003	0.00003	0.00003	0.00002	0.00002	0.00002	0.00002

Chapter

5

統計的推定と確率分布

Chapter 6

統計的仮説検定

　統計学の社会やビジネスへの応用に関して、最も重要な分野の1つは統計的仮説検定です。統計的仮説検定とは、長年確立してきた統計学の手法を用いて、ある仮説について正否を判断する手法です。

　データ分析を行うと、分析担当者は、得られた結果が偶然かどうかを常に疑うものです。統計的仮説検定を実施すると、データ分析の結果の正当性・信頼性を客観的に判断できます。具体的には、母集団に対して仮説を事前に立てて、その仮説に対して検定を行うことで、仮説が正しいか否かを検証します。仮説検定には確率が用いられ、仮説が「おおよそ認められる」と言えるような確率を根拠とします。

　この章では、仮説検定を支える概念を、身近な事例を交えて丁寧に解説します。さらに、正規分布、Z分布、t分布など代表的な確率分布に基づいた仮説検定を実践していきます。

6.1 仮説を検定する

　推計統計学において、母集団から得られた標本を使って、その母集団に関する統計的な判断をすることは、仮説検定(Hypothesis Testing)と呼ばれます。

　ここでいう「仮説」とは、事前に**母集団の特性に関する予測**をすることです。「検定」とは、母集団から抽出した**標本データを用いて統計検定量と呼ばれる指標を計算し、これに基づき、仮説が正しいか否かを判断**することです。

　一般的に以下の手順で仮説検定を行います。

▼ 手順

1) 仮説(帰無仮説と対立仮説)を設定する
2) 有意水準と検定統計量の種類を決める
3) 標本データに基づいて検定統計量を計算する
4) 検定(仮説の検証)を行い、その結果をもとに帰無仮説を棄却するかを判断する

　ここで「帰無仮説」「対立仮説」、「検定統計量」、「有意水準」といった、聞き慣れない言葉が出ていますね。

- 対立仮説は比較したい母集団間に差があるとする仮説であり、帰無仮説はその主張を否定するための仮説です。
- 検定統計量とは、仮説を検証するために算出する数量です。使用する検定統計量の種類は、データが従う(と仮定する)確率分布や、仮説の内容、検証の目的によって異なります。
- 有意水準とは、仮説を棄却するかどうかを決める基準です。

　これらの用語を後ほど1つずつ詳しく説明していきます。

6.2　仮説の立て方・採用・棄却

　仮説検定では、目の前の課題に対して、以下の帰無仮説（Null Hypothesis）と対立仮説（Alternative Hypothesis）の2つの仮説を立てます。

- 帰無仮説 H_0：
  対立仮説の主張を否定し、無にする仮説
- 対立仮説 H_1：
  比較したい母集団間に差があるとする仮説

　仮説を否定することを棄却、仮説を支持することを採択と呼びます。

　仮説検定では、6.1節の手順2~4に従って、帰無仮説を棄却してよいかを統計的に判断します。帰無仮説の妥当性が低いと判断した場合に、帰無仮説が棄却され、対立仮説が採択されます。つまり、対立仮説とは帰無仮説が成り立たない状態を表します。

一般的に、対立仮説が成り立つとは、帰無仮説が正しいとしたら、「滅多に起こり得ないような現象が起きている」と考えることができます。

　仮説検定は、2つのデータ群の間に差があるかどうか、を検証するのによく使われます。例えば、「2つのデータ群の平均値に差があるかどうか」を知りたい場合、以下のような仮説を立てます。

- 帰無仮説 H_0：「2つのデータ群に差がない」
- 対立仮説 H_1：「2つのデータ群に差がある」

具体例を使って説明していきます。

仮説検定の具体例：「夏期講習に効果があったかどうか」

- 夏期講習を受けてきた A さんは、その効果を試したい。受講の前と後の実力テストの結果を 8 回ずつ記録した
- 受講前の点数は、平均 76 点、標準偏差 3.5 点の正規分布に従っていたと仮定する
- 受講後の点数（単位：点）は以下となった

  81，78，75，82，83，82，80，79

受講後の点数から**標本平均を計算すると 80 点**となります。

平均値だけ比較すれば 80 点＞76 点なので、「夏期講習の効果はあったかも」という第一印象を持ちますが、以下のような疑問が生じます。

「夏期講習の効果が統計学的に有意といえるのか？」
「誰がいつ試してもこの夏期講習は効果が得られるのか？」

ここでは、**統計的仮説検定を用いて、客観的な基準に基づいた判断が必要**です。

> 上記で使っている「有意」という言葉は、現象が偶然ではなく、必然的に起きているという意味です。

以降の節では、「夏期講習に効果があったかどうか」を例に使って、仮説検証を実践していきます。

ここではまず仮説を立てます。

- 帰無仮説 H_0：夏期講習を受講しても、母平均 μ は 76 点のままである
- 対立仮説 H_1：夏期講習を受講すると、母平均 μ は 76 点ではなくなる

Column

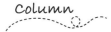

【事例から理解！】
薬の新規開発における帰無仮説と対立仮説

　仮説検定が実務で使われている場面として、新薬の開発がよく例に挙げられます。私たちが摂取する薬の効き目が保証されているのは、仮説検定による基準が設けられているからです。

　例えば、新しく開発された薬の効き目について検証したい場合、以下のような仮説を設定します。

- 帰無仮説：新しい風邪薬には効き目が**ない**
- 対立仮説：新しい風邪薬には効き目が**ある**

Chapter

6

統計的仮説検定

　統計学的な手法で検定を行い、一定の有意水準を満たした薬のみが新薬として市場で販売されます。また、既存の薬に改良を加えた場合も仮説検定を用いて薬の効き目を確かめます。

- 帰無仮説：改良後の薬の効き目と従来の薬の効き目に**差は見られない**
- 対立仮説：改良後の薬の方が従来の薬より**効き目が良い**

6.3 検定統計量の設定

検定統計量（Test Statistic）とは、**仮説を検証する際に見る指標**です。

6.2節の例題で、「夏期講習に効果があったかどうか」を検証するために、どのような指標を設定すればよいのでしょうか？

講習後の母平均が、講習前の母平均 μ から変化していれば、講習後の標本平均 $\bar{x}$ も、講習前の母平均 μ から、離れた値をとりやすくなります。したがって、帰無仮説が正しければ、$\bar{x}-\mu$ という量は0に近くなり、帰無仮説が正しくなければ、$\bar{x}-\mu$ は0から遠ざかるはずです。

とすると、差分 $\bar{x}-\mu$ を観察することで、仮説の検証ができないでしょうか。この例では $\mu=76$、$\bar{x}=80$ となり $\bar{x}-\mu=4$ となります。

しかし… $\bar{x}$ の値は標本に依存するため、たまたま小さい値をとっている可能性もあります。より客観的な手段で2つの母集団の間の差を評価する必要がありそうです。そこで、以下のように考えます。

> $\bar{x}$ は確率変数であるため、差分 $\bar{x}-\mu$ も確率変数である。
> ➡「差分 ($\bar{x}-\mu$) の発生確率」に注目

仮説検定では、以下のルールに従って判断を下します。

そこで($\bar{x}-\mu$)の発生確率が何らかの閾値（基準値）を超えたら、**帰無仮説を棄却する**

こうなると、発生確率を考えるためには ($\bar{x}-\mu$) が従う確率分布を知ることが必要です。閾値を決めるためには、**式6.3.1** に示した Z 統計量という指標を検定統計量として使うことにします。

$$Z = \frac{\bar{x} - \mu}{\sigma/\sqrt{n}} \qquad \text{式 6.3.1}$$

ここで、σ は母分散、n はサンプルサイズ（母集団から取り出した標本の数）です。

式 6.3.1 は式 5.8.3 と同じであることに気付いている方もいるでしょう。5.7 節（P.227）、5.8 節（P.233）で説明したとおり、上記のような形をとる Z 統計量は、平均 0、分散 1 の標準正規分布 N (0, 1) に従います。したがって、$(\bar{x} - \mu)$ の**発生確率を標準正規分布表から調べる**ことができます。

Z 統計量、つまり $Z = \frac{\bar{x} - \mu}{\sigma/\sqrt{n}}$ が従う確率分布の形は**図 6.3.1** のように、5.7 節の標準正規分布（Z 分布）と同じ形をとります。

図 6.3.1　標本平均と母平均の偏差を含む $\frac{\bar{x} - \mu}{\sigma/\sqrt{n}}$ が従う標準正規分布

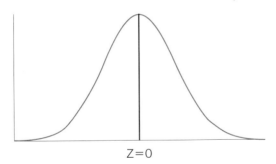

Z=0

後ほど 6.6 節（P.253）では標準正規分布（Z 分布）を用いた仮説検定を取り上げます。

検定によく使われる確率分布の種類はいくつもあるものの、実際どの確率分布を用いても、検定の手順は似ていることが嬉しいものです。

仮説検定を行う際に、事象の発生確率を調べるためには「統計分布表」を

参照することがあります。ただし近頃は Excel やプログラムを用いて求める
こともあります。

　統計分布表の一例がこちらです：https://www.medcalc.org/manual/
statistical-tables.php

6.4 有意水準を決める

　仮説検定において、帰無仮説を棄却する上での「厳しさ」の基準にあたる有意水準（Significance Level）を設定する必要があります。有意水準とは、**帰無仮説を棄却するかどうかを決めるときの判断基準**です。慣習的に記号のα（アルファ）で表されます。

　有意水準を決めると、確率分布における棄却域が決まります。棄却域とは、帰無仮説が正しいとしたら、「**検証したい事象が観測される可能性が低い範囲**」であり、帰無仮説を棄却する方が妥当であるという意味を持ちます。**有意水準は1％（0.01）や5％（0.05）にすることが多い**のです。1％や5％の確率でしか起きないことは「滅多に起きないこと」、「非常に珍しい出来事」といえるからです[1]。棄却域以外の領域を採択域と呼びます。

　図6.4.1では、両側検定（6.5節を参照）を想定した場合の、標準正規分布における両脇の棄却域と採択域を示しています。ここでは有意水準を5％と設定しています。帰無仮説が正しいときに、採択域は「**95％の確率でZが含まれる区間**」、棄却域は「**Zが5％の確率でしか含まれない極端に偏った区間**」に該当します。

　検定を行うとき、Z統計量（**式6.3.1**：P.247）を計算し、その値が棄却域に入っていれば、以下のように結論を下すことができます。

- 帰無仮説が棄却され、対立仮説が採択される
- $(\bar{x}-\mu)$は有意な差であると考える

---

[1] 分野や目的によっては、より厳しい基準を使うこともあります。

図 6.4.1　両側 Z 検定における棄却域と採択域（有意水準 5%）

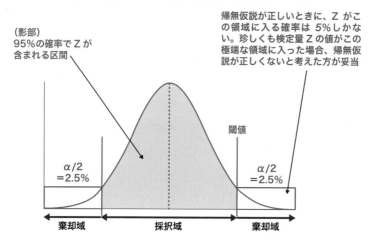

（影部）
95%の確率で Z が
含まれる区間

帰無仮説が正しいときに、Z がこ
の領域に入る確率は 5%しかな
い。珍しくも検定量 Z の値がこの
極端な領域に入った場合、帰無仮
説が正しくないと考えた方が妥当

閾値

$\alpha/2$
=2.5%

$\alpha/2$
=2.5%

棄却域　　　　　　採択域　　　　　　棄却域

6.5　片側検定と両側検定

　仮説検定には、片側検定（One Sided Test）と両側検定（Two Sided Test）があります。どちらを用いるかは仮説検定の目的で決まり、それによって同じ有意水準でも棄却域が変わります。

　図 6.5.1 に、正規分布を用いた検定の両側検定と片側検定の棄却域が示されています。

　数学的に表現すると以下になります。ここで、比較する 2 つの母集団の母平均をそれぞれ μ_1、μ_2 とします（例えば、母集団 1 は薬を服用前の状態、母集団 2 では服用後の状態）。

≫ 両側検定

両側対立仮説を用いた検定で、**棄却域を確率分布の両側にとる**（図 6.5.1 左）。

- 帰無仮説：母平均 μ_1 と μ_2 は等しい
- 対立仮説：母平均 μ_1 と μ_2 は等しくない

≫ 片側検定

片側対立仮説を用いた検定で、**棄却域を確率分布の片側にとる**（図 6.5.1 右）。

- 帰無仮説：母平均 μ_1 と μ_2 は等しい
- 対立仮説：母平均 μ_1 が μ_2 より大きい　または　母平均 μ が $\bar{x}$ より小さい

上記を検証するために、例えば、母集団 2 から標本を抽出し、その標本から計算された $\bar{x}$ を用いて仮説検定を行います。

図 6.5.1　（左）両側検定（右）片側検定における棄却域（正規分布、有意水準 5 ％）

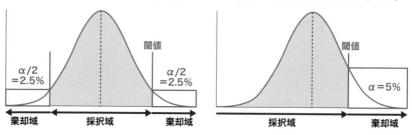

　例えば、帰無仮説が「集団 A の平均が集団 B の平均と等しい」と主張している場合、

- 対立仮説が「A の平均と B の平均が異なる」と主張するなら、両側検定を使う
- 対立仮説が「A の平均が B の平均より大きい」または「A の平均が B の平均より小さい」と主張するなら、片側検定を使う

　具体例として、薬の効果を検証する場面を考えます。「薬に効果があるほど小さな値をとる測定値」をデータとして用いるとします。「薬には作用がない」を帰無仮説とします。

　この帰無仮説は $\bar{x} - \mu = 0$ と表せます。そして、この帰無仮説に対応する対立仮説としては 3 通りが考えられます。

1) $H_1 : \bar{x} - \mu \neq 0$（薬には何らかの作用がある）←両側対立仮説
2) $H_1 : \bar{x} - \mu < 0$（薬には症状を軽減させる作用がある）←片側対立仮説
3) $H_1 : \bar{x} - \mu > 0$（薬には症状を悪化させる作用がある）←片側対立仮説

6.6 Z分布に基づいた仮説検定

いよいよ仮説検定を行う準備ができました。ここでは、6.2節で検証したかった課題「夏期講習に効果があったかどうか」を扱います。まずZ分布（標準正規分布）に従うZ統計量（**式6.3.1**）をこの検定に使います。

改めて、仮説を並べます。

- 帰無仮説 H_0：夏期講習を受講しても母平均 μ は76点のままである
- 対立仮説 H_1：夏期講習を受講すると母平均 μ は76点ではなくなる

6.7節（P.256）の正規分布を用いた場合と比べると、Z分布は標準誤差が1に標準化されているので、「帰無仮説を棄却する限界値」を楽に知ることができます。一方で、正規分布の場合はをそのまま扱えばよいのに対し、Z分布の場合は**式6.3.1**のようにZ統計量を計算する必要があります。

Z分布や正規分布を用いた検定では**母分散が既知である必要がある**点も重要です。

図6.6.1は有意水準 $\alpha = 5\%$、Z分布における両側検定の仮説検定の棄却域と採択域です。両側検定なので、棄却域は分布の「下側2.5％点未満」と「上側2.5％点超」となります。

両側の棄却域を足し合わせて全面積の5％になります。Chapter 5で学んだように、確率密度関数の下の面積が確率に該当します。したがって、有意水準5％が意味することは、帰無仮説が正しい場合に、たまたま極端に偏ったデータが得られて、**帰無仮説が棄却される確率は5％**ということです。

標準正規分布表により、**有意水準 $\alpha = 5\%$ の場合、Z分布における限界値は ±1.96 である**ことがわかります。つまり、Z ＜ −1.96 または Z ＞ 1.96

が棄却域です。

データから計算した Z 統計量が Z ＜ −1.96 または Z ＞ 1.96 を満たす場合、棄却域に入ることになり、帰無仮説が棄却されます。

一方で、−1.96 ≦ Z ≦ 1.96 の場合、帰無仮説を棄却できない領域（採択域）に入っているので、「夏期講習を受講すると母平均 μ は 76 点ではなくなる」というには十分なデータではなかったということです。

> この例では、対立仮説は「夏期講習を受講すると母平均 μ は 76 点より高くなる」ではなく、「母平均 μ は 76 点ではなくなる」、つまり 76 点のどちら側でもよいので両側検定を行います。

図 6.6.1　有意水準 α ＝ 5%、Z 分布における両側仮説検定の棄却域と採択域

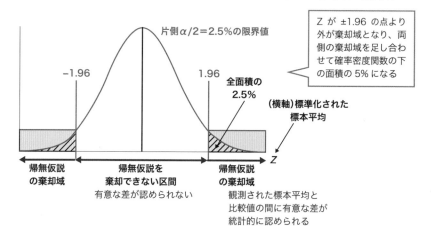

では、実際に検定量を計算してみましょう。

計算

- 夏期講習受講前の点数は μ ＝ 76 点、標準偏差 3.5 点の正規分布に従う
- 受講後の点数の記録は 81, 78, 75, 82, 83, 82, 80, 79（単位：点）

- 上記のサンプルサイズ n＝8 の標本から $\bar{x}$＝80 が得られた

6.3.1 の Z 統計量の計算式 $Z = \dfrac{\bar{x} - \mu}{\sigma / \sqrt{n}}$ に代入すると、

$$Z = \frac{80 - 76}{3.5 / \sqrt{8}} = 3.232\cdots$$

　改めて、有意水準 5％ で両側検定を使うので、棄却域は標準正規分布の下側 2.5％ 点未満（Z＜－1.96）および上側 2.5％ 点超（Z＞1.96）です。上記で計算した Z 値は図 6.6.2 のように、棄却値に位置します。Z＞1.96 となったので棄却域に入り、帰無仮説を棄却できます。すなわち、「夏季講習によって成績が有意に変化した」と言えます。

図 6.6.2　Z 統計量が 3.232 と計算され、棄却域の限界値の 1.96 を超えたため、帰無仮説を棄却できると判断可能

統計的仮説検定

255

6.7　正規分布に基づいた仮説検定

　今度は通常の正規分布を用いて仮説検定を行ってみます。標準化を行わないので、検定量として**式6.3.1**（P.247）のZ統計量ではなく、標本平均を使います。

　図6.7.1は有意水準 α ＝5%、正規分布の場合の両側検定の仮説検定における棄却域と採択域です。棄却域は正規分布の「下側2.5%点未満」と「上側2.5%点超」となります。この場合の棄却域（限界値）は、母分散が既知の場合、正規分布を用いて計算でき[2]、**図6.7.1**にも示した通り、以下の2つとなります。

$$\mu + 1.96 \times \sigma / \sqrt{n}$$
$$\mu - 1.96 \times \sigma / \sqrt{n} \qquad \text{式 6.7.1}$$

図6.7.1　有意水準 α ＝5%、正規分布の場合の両側検定の仮説検定における棄却域と採択域

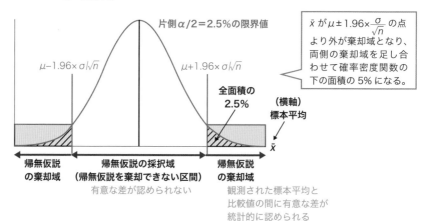

---

[2]　ビッグデータ（大標本）の場合、母分散を標本分散で近似することができ、母平均の代わりに標本平均をそのまま用いることができます。

　今回の課題の $\mu = 76$、$\sigma = 3.5$、$n = 8$ を**式 6.7.1** に代入すると、限界値は下側が73.574…、上側が78.425…と計算されます。これらに囲まれた領域が採択域です。

　これに対して、標本平均 $\bar{x}$ はこの採択域の外側にあるため、帰無仮説が棄却され、対立仮説が採択されます（**図 6.7.2**）。6.6 節と同様の結論にたどり着きます。

図 6.7.2　標本平均が $\bar{x}=80$ と計算され、標本平均が採択域の上限を越えたため、帰無仮説を棄却できると判断できる

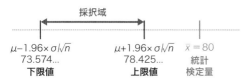

採択域

$\mu-1.96\times\sigma/\sqrt{n}$　　$\mu+1.96\times\sigma/\sqrt{n}$　　$\bar{x}=80$
73.574…　　　　　　　78.425…　　　　統計
下限値　　　　　　　**上限値**　　　検定量

6.8 統計的仮説検定の結果を正しく解釈しましょう

仮説検定は有意水準、確率分布など様々な統計学の概念が絡む複雑なプロセスであるだけに、その結果にまつわる誤解が多く発生します。この節では、帰無仮説を棄却できる／棄却できない場合の各々の意味を正しく解釈していただくことを目指します。また、仮説検定の結果の解釈に重要な p 値についても紹介します。

6.8.1 帰無仮説を棄却する意味とは

「帰無仮説を棄却する」と「帰無仮説を棄却しない」の 2 つの結論は、統計学的に重みが異なります。この節では、この点について解説します。

まず、帰無仮説が棄却されなかった場合、その結果は以下の通り解釈します。

　×「帰無仮説が正しい」

　◎「帰無仮説を棄却するための証拠が得られなかった」

帰無仮説を棄却すると判断した場合、対立仮説が採用されることになります。これは次のようなことを意味します。

帰無仮説が正しいとすると、得られたデータを説明するのに無理があります。対立仮説がより妥当であるという統計的な根拠が得られました。

式 6.3.1 からわかるように、サンプルサイズ n が小さくなれば、検定統計量 Z （の絶対値）も小さくなります。そうすると、統計検定量の分布において原点に近くなります。つまり帰無仮説を棄却しにくくなります。このように、本来比較したいもとの母集団の性質とは直接関係なく、サンプルサイズが小さすぎるゆえに帰無仮説を棄却できないこともあります。すなわち、

データが足りない場合、一般的に統計的仮説検定の精度が悪くなります。

したがって、「帰無仮説を棄却できない」場合、あくまでも帰無仮説を棄却できる証拠となる十分なデータが得られなかったことを意味し、帰無仮説が正しいことを主張するわけではないのです。

人間の心理として、一度帰無仮説を棄却してしまうと、「対立仮説の妥当性が示された」として、次のアクションに進むことが多く、自ら再検証することは多くありません。そのため、帰無仮説の棄却は慎重に行うべきであり、検定の目的によっては、有意水準を5%ではなく1%あるいはもっと低くすることもあります。

図 6.8.1　帰無仮説が棄却される、または棄却されない場合の正しい解釈

6.8.2　p 値は統計的検定に重要な概念

統計学的な仮説検定では、p 値（有意確率）という値が重要概念として登場します。p 値は有意水準と切り離せない関係であり、医薬品の臨床試験、心理学や社会学から生物学まで、あらとあらゆる分野で、ばらつきのある母集団からとったサンプルを用いたデータ解析に使われています。

仮説検定における p 値は以下のように使われます。

帰無仮説が正しいと仮定します。観測データよりも極端な値が得られる確率（p 値）を求め、その p 値が有意水準を下回った場合、帰無仮説を棄却し

対立仮説を採択します。

図 6.8.2 の例を見ましょう。ここでは、有意水準 5% の両側検定において、標本データの値を統計表に照らし合わせることで、p 値 = 0.0231（2.31%）が得られたとします。この p 値は有意水準 5% の片側限界値である 2.5% を超えません。よって、この値は有意であると認められることになります。

図 6.8.2　p 値 < 有意水準 の場合、帰無仮説は棄却され対立仮説が採択される

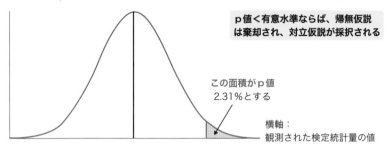

p値 < 有意水準ならば、帰無仮説は棄却され、対立仮説が採択される

この面積が p 値
2.31% とする

横軸：
観測された検定統計量の値

2016 年に、アメリカの統計学会が p 値についての誤解や誤用が深刻であるとの声明を出しました。その前から、p 値の正しい解釈について統計学者の間で論争が続いていましたが、アメリカ統計学会のこの声明は反響を引き起こしました。実際、p 値の間違った使い方がよく見られます。

改めて、「p 値とは何か、説明してください」に対して、皆さんは即答できますか？ 統計学を論理的に学んだわけではなく、ハウツー本やマニュアルなどで習得した場合、うまく説明できないケースがあります。その場合、p 値について誤った理解をしている可能性があります。

p 値の誤った解釈の例として、以下のものがあります。

- 「仮説が正しい確率」
- 「データが偶然のみで得られた確率」
- 「結果の重要性の示す指標」

ところが、p 値は正しくは以下のように解釈しなければなりません。

- 仮定している特定の統計モデルのもとで、帰無仮説が真である場合に、得られたデータと同等か、それよりも極端な値を取る確率
- 帰無仮説が正しいという仮定の下で、帰無仮説の分布において、得られたデータよりも外側の極端な値が観察される確率 (確率分布の面積)

統計学的に厳密な表現を使うと、どうしても上記のような回りくどい表現になってしまいます。統計学の専門家以外の方にとって理解しにくいからこそ誤解・誤用が起きやすいようです。

では、p 値をもう少し噛み砕いて説明すると…

- 帰無仮説を棄却できるか (有意水準を超えているか) を判断する基準
- p 値が小さいほど、帰無仮説を棄却するための強力な根拠となる

得られたデータが統計モデルに合致するか矛盾するかの程度を示す指標にすぎず、仮説が正しい証拠ではありません。仮説を証明するための十分条件ではなく、必要条件に過ぎないのです。

実際、p 値に基づいて有意であると結論を下している学術論文中には、再現性が得られないものが、それなりの数存在していると言われています。

6.8.1 節 (P.258) で述べたように、仮説検定の結果はデータサンプル数に影響を受けます。サンプル数が多くなるほど、p 値は小さくなります。数学的に必然的にそうなります。しかし、サンプル数は実験者が決めるもので、検証しようとしている仮説の中身とは無関係ではないでしょうか。サンプル数を増やしていくにつれて、p 値が小さくなっていき、実験者が設定した有意水準の値を下回ることもあります。

有意水準に関しても同様なことがいえます。よく用いられる値は 0.05 (5%) ですが、これにも理論的な根拠があるわけではありません。**有意水準を下**

回っても、あたかも仮説が証明されたかのように解釈するのは危険です。正しくは、あくまでも「仮定している仮説の下でデータがモデルにどれくらい整合しているか」を示すものにすぎません。

「帰無仮説が真である場合、今回得られたデータと同等またはそれ以上の極端な値が得られる確率が 5％ 未満」としか言えません。帰無仮説が真であるにも関わらず、極端値が得られる可能性はゼロではありません。

Column

ビジネスでは統計検定にどれくらいの厳密性が求められる？

理論の厳密性を求める数理科学や自然科学などの分野では、p 値の適切な使い方、正しい解釈の仕方についての議論が盛んになっています。世の中で起こっている現象について普遍的な法則を得ることが目的であるため、統計学的な厳密性が求められます。

これに対して、I/O 比やスピードが求められるビジネスでは、統計学的検定はビジネスの支援ツールとして考えられています。マーケティングなどで用いる検定は、「探索的なデータ解析」の形として、次のアクションにつながる仮説やシナリオを抽出することを目的に行います。この場合、検定結果は「研究成果」ではなく、アクションを決めるための「判断材料」として使われます。

マーケティングなどで使う「探索的なデータ解析」では、ある程度の確率で誤った結論を下してしまう可能性があることを承知した上で、有意性の判断を行います。得られた検定結果から、即にアクションに移すか、あるいは新たにデータを取得しより厳密な検定を実行するかは、ビジネスの方針に基づいて決めることであり、統計学はこれには答えてくれません。

統計学を習得すると、膨大なデータから知見を抽出できた達成感から、同じデータを用いて次々と検定を行い、p 値のみで議論し、p 値のみで結論を出してしまう人がいます。しかし本来は、予め仮説を立てた上でデー

タを集める必要があります。その逆の順序で、データを見た後で仮説を立てて、データを見た後に仮説を設定し、それを「仮説を検証しました」と報告することは、HARKing（Hypothesizing After the Results are Known：結果が判明した後に仮説を作る）として、科学における不正行為の1種とされています。「探索的な解析」をしたいのであれば、統計学的な厳密性に欠ける解析であることを明示しなくてはなりません。

　p値を用いた検定の注意点を理解し、場合によっては厳密性には欠けることを承知で、あくまでも検定は補助的に活用したという立場をとることで、思わぬ地雷を踏むことを避けるのが賢いです。

参考文献：『統計学が最強の学問である［実践編］』、ダイヤモンド社、西内啓

6.9 第一種の過誤と第二種の過誤、どちらの方が深刻？

　仮説検定では、母集団ではなく、サンプルを用いて判断を行うため、一定の確率で誤った判断を下すことは避けられません。ここでは、「第一種の過誤」と「第二種の過誤」の2つの誤りのタイプを紹介し、身近な例を用いて、それぞれの誤りの特徴や重大性について議論します。

6.9.1 仮説検定における誤判断

　前述の通り、仮説検定とは、母集団に対して事前に仮説（その母集団の特性に関する予測）を立てて、検定を実行することでその仮説が妥当か否かを統計学的に検証する手法です。ここでいう「検定」とは、標本データに対して計算や統計処理を行い、その結果に基づき、**一定の確率で結果の有意性を判断**することです。

　上記で「確率」という表現を使いましたが、別の言い方をすると、**仮説検定は確率的な判断であるため、判断の誤りを起こす可能性もある**ということです。母集団から抽出したサンプルを用いた判断であるため、母集団についての完全な情報を持っているわけではないからです。

　この誤りは以下の2種類に分けることができます。

第一種の過誤

- 帰無仮説が正しいにもかかわらず、それを棄却してしまう誤り
- 別の言い方：
  - 比較する母集団間に本当は差がないのに、差があると正しくない結論を下してしまい、対立仮説を採択してしまうこと

> **第二種の過誤**

- 本当は対立仮説が正しいにもかかわらず、帰無仮説を棄却しない誤り
- 別の言い方：
  - 比較する母集団間に本当は差があるのに、差がないと正しくない結論を下してしまい、帰無仮説を採択してしまうこと

第一種の過誤の確率 α と第二種の過誤の確率 β を下表で表現できます。

表 6.9.1　第一種の過誤と第二種の過誤を起こす確率

		帰無仮説が正しい	対立仮説が正しい
検定の結果	帰無仮説を採択	正しい 確率 $1-\alpha$	第二種の誤り 確率 β
	帰無仮説を棄却	第一種の誤り 確率 α	正しい 確率 $1-\beta$（＝検出力）

6.9.2　第一種の過誤と第二種の過誤を起こす可能性

第一種の過誤を起こす確率は、有意水準 α と同義であり、同じ記号 α で表します。

例えば、有意水準 α を 5% と設定する場合、2 つの集団に差がなくても、5% の確率で差があると誤判断するという意味です。

一方、第二種の過誤を起こす確率は、比較したい 2 つの母集団の従う確率分布の重なり具合[3]（2 つの分布がどの程度似ているか）によって変わります。慣習的に記号の β で表されます。

- 比較したい 2 つの母集団の従う確率分布の差が大きいと β は小さくなる
- 比較したい 2 つの母集団の従う確率分布が近いと β は大きくなる

---

[3] 「帰無仮説の分布」と「対立仮説の分布」の重なり具合と解釈することもできます。

ここで、αを小さくするとβが大きくなり、βを小さくするとαが大きくなります。

　この関係性は以下のように説明できます。

　「2つの分布が近い」とは、「2つの母集団から得られたサンプルは似たものになる」ことです。そうすると、本当は2つの母集団に差があり、対立仮説が正しかったとしても、差を検出しにくく（βは大きく）なります。

　βを小さくしようとすると、「わずかな差でも有意差あり」なるようにせざるを得ず、αは甘い基準にするしかないのです。

　すなわち、比較したい2つの母集団が決まっている時、サンプルサイズが同じであれば第一種の過誤と第二種の過誤はトレードオフの関係にあり、両方の確率を同時に減らすことはできません。両者のバランスを図ることが仮説検定を難しくしています[4]。

6.9.3 第一種の過誤と第二種の過誤、どちらを優先すべき？

　トレードオフの関係にある以上、第一種の過誤と第二種の過誤のどちらを優先的に減らそうとすべきでしょうか？

　両者のバランスを考えるために、具体的な例で考えましょう。

例

　「新しく開発された薬は血圧を下げる効果があるのか？」

この場合、帰無仮説は以下のことを主張します。

　「この薬に効果はない。血圧は変わらないはず。」

---

[4]　αとβのトレードオフを、厳密に説明しようとすると、かなり複雑な理論に基づいた議論を要します。
　　ここでは、上のように大まかに理解していただければ十分かと思います。

第一種の過誤は、以下のように帰無仮説が正しいのに棄却してしまう誤り
です。

「効果はないのに、血圧を下げる効果があると判断してしまう」

帰無仮説が正しかったとしても、上記のように誤った結論を下してしま
うことが、確率 a（有意水準として定めた確率、例えば5%）で起こりえま
す。これに対して、第二種の過誤は、以下となります。

「血圧を下げる効果があるのに、効果がないと判断してしまう」という
ことです。

一般的には、第一種の過誤の方が重大と考えられます。

第一種の誤りを起こして薬が承認されてしまうと、高血圧症の患者は、効
果がない薬を飲み続けて、病状が改善されないどころか時間と共に悪化して
しまう可能性があります。このように、人間に対して被害を与える可能性が
あるため、第一種の過誤を深刻に考えるべきです。

一方、第二種の誤りを起こして薬が不承認になってしまっても、追加デー
タを取得することで効果の検証を続けることは可能ですし、より明確な効果
を有する薬の開発にシフトすることも可能です。

しかし、第二種の過誤の方が重大な場合もあります！

今度は以下の例を考えましょう。

例

「新開発された薬には毒性があるかどうか」

この場合、帰無仮説は以下を主張します。

「この薬に毒性はない。」

第一種の過誤では、以下のような誤りを起こします。

「毒性はないのに、毒性があると判断してしまう」

これに対して、第二種の過誤では、以下の誤りを起こします。

「毒性があるのに、毒性がないと判断してしまう」

このケースでは、明らかに**第二種の過誤の方が深刻**です。第一種の過誤は、薬を開発した側にとって残念な結果ではありますが、これからも毒性がないと証明していけばよいだけです。第二種の過誤は人道上大きな問題を引き起こす可能性があります。

6.9.4 仮説検定における検出力とは

第二種の過誤の起きる確率を β とすると、$1-\beta$ を検出力といいます。

仮説検定を行う上で検定力は重要な観点の1つであり、一般的に 0.8 程度が望ましいとされています。検出力が 0.8 であるとは、80% の確率で**「棄却すべき帰無仮説をきちんと棄却できて、2つの母集団の差を正しく検出できる」**性能を発揮できるという意味です。0.8 はあくまでも目安ですが、一般的にいうと、検出力が小さいほど対立仮説が正しい場合に帰無仮説が棄却されない第二種の過誤が起こりやすくなります。

6.9.2 節（P.265）では、第一種の過誤 α と第二種の過誤 β はトレードオフの関係にあることを説明しました。有意水準 α を設定することで第一種の過誤が起きる確率が決まるため、第一種の過誤は比較的コントロールすることが容易です。2つの母集団の分布の差やデータのばらつきによって α は変動しないが、β は変わります。この β が第二種の誤りが起こる確率ですから、検定を行う際には、α だけでなく β にも注目することが重要です。

分布同士の距離やデータのばらつきによって、$1-\beta$ が変動しますが、α は変動しません。

6.10 t分布に基づく仮説検定

　この節で説明するt検定は、最も使われる検定手法の1つです。この節ではt検定の特徴と具体的なプロセスを解説します。また、身近な例でt検定の活用法を説明します。

6.10.1 t検定はなぜよく使われる？

　t検定（t-test）は、t分布を利用する統計的仮説検定です。実社会で、t検定がよく使われる理由は以下の通りです。

①母分散が未知であることが多い→Z検定を使えないが、t検定は使える
②標本サイズが小さくても、t検定は使える

　t検定とZ検定は両方とも正規分布と関係性が深く、（扱う標本データが属する）母集団が正規分布に従うことを前提としています。両者の違いは、**母分散に関する情報が必要かどうか**にあります。

- Z検定は、母分散が既知の正規分布に従う場合にのみ利用できる検定手法
- t検定は、母分散が未知の正規分布に従う場合の検定手法

　実世界では、ある現象が正規分布に従うとわかっていても、分布の母分散がわかっていないことが多々あります。その場合、救済処置として（理論上の厳密性に欠けるが）近似的に母分散を標本分散で代用してZ検定を行うことがあります。ただし、これが許されるのは、標本サイズが十分に大きい時のみであり、10のように小さいサンプルの時は標本分散で代用するのは不適切とされることが多いです。

　母分散も知られておらず、サンプルサイズも大きいとはいえない場合、正

規分布の代わりに t 分布、Z 検定の代わりに t 検定を使います。

　以上より、t 検定は Z 検定より汎用的といえるため、ビジネスや自然科学など様々な分野で非常によく使われます。例えば、マーケティングにおいて、「販促キャンペーンに効果があったのか？」や「2 種類の顧客層の間で来店回数に差があるのか？」を調べるときに使います。形式的な数値だけの「差」は見ればわかりますが、これが統計学的に有意かどうかは仮説検定を使わないと判断しきれません。

6.10.2 ｜ t 分布の特徴

　図 6.10.1 に、自由度（Chapter 5 参照）1、2、3、5、10、30 の t 分布の確率密度関数のグラフが示されています。自由度が大きくなるにつれ、t 分布は標準正規分布のグラフに近づくことが見受けられます。

図 6.10.1　自由度 1、2、3、5、10、30 の t 分布（赤曲線）と標準正規分布（青曲線）を重なって表示したもの

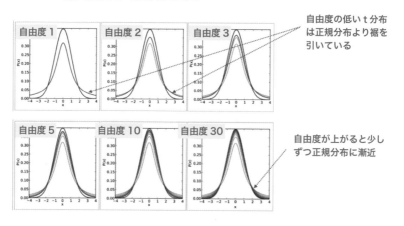

自由度の低い t 分布は正規分布より裾を引いている

自由度が上がると少しずつ正規分布に漸近

　t 検定と正規分布の関係性について、2 つのポイントがあります。

- t 分布は自由度が大きくなるほど正規分布に漸近する（限りなく近づく）

・t 分布を用いる検定は、母集団が正規分布に従うことを前提とする

もう少し数学的に説明しましょう。

t 検定の典型的な応用例は、「2 つの独立した母集団から得られた標本の間の平均値の差の検定」です。

ここでは、グループ 1 とグループ 2 の、正規分布 $N(\mu, \sigma^2)$ に従う 2 つの母集団から、それぞれ無作為に抽出された標本があるとします。それぞれのデータサイズが n_1、n_2 とします。また、標本データから計算された平均がそれぞれ $\bar{x}_1$、$\bar{x}_2$、不偏分散がそれぞれ、S_1^2、S_2^2 になったとします。このとき、t 検定に用いられる **t 統計量**は**式 6.10.1** のように計算されます。

$$t = \frac{\bar{x}_1 - \bar{x}_2}{\sqrt{\frac{1}{n_1} + \frac{1}{n_2}} \sqrt{\frac{(n_1-1)S_1^2 + (n_2-1)S_2^2}{n_1 + n_2 - 2}}} \qquad \text{式6.10.1}$$

Z 検定量と違って、t 検定量の分母に不偏分散を用いることが特徴です。

これは何を意味するかというと、正規分布に従うと仮定した標本について、**式 6.10.1** で求めた t 検定量は、**自由度 $(n_1-1) + (n_2-1) = n_1 + n_2 - 2$ の t 分布に従う**ということです。

別の言い方をすると、**母分散が未知であり、Z 統計量が求められない代わりに、不偏分散を用いる t 統計量であれば計算可能であり、このt 検定量を用いた検定が t 検定**だということです。

今回の例のように、比べている 2 つの集団のデータサイズと不偏分散が異なるのが最もよくあるケースです。

続いて、実際の数値を使った t 検定の演習を一緒にやっていきます。その際に t 分布表を参照します。その見方を演習問題の中でマスターしましょう。

t 分布表とは、母集団が正規分布に従うことを前提とした t 検定において、得られた t 検定量よりも極端な値をとる確率を一覧にした表です。ウェブ上にたくさん見つかりますが、下が一例です。

https://bellcurve.jp/statistics/course/8970.html

表 6.10.1 t 分布表

v	α				
	0.1	0.05	0.025	0.01	0.005
1	3.078	6.314	12.706	31.821	63.657
2	1.886	2.92	4.303	6.965	9.925
3	1.638	2.353	3.182	4.541	5.841
4	1.533	2.132	2.776	3.747	4.604
5	1.476	2.015	2.571	3.365	4.032
6	1.44	1.943	2.447	3.143	3.707
7	1.415	1.895	2.365	2.998	3.499
8	1.397	1.86	2.306	2.896	3.355
9	1.383	1.833	2.262	2.821	3.25
10	1.372	1.812	2.228	2.764	3.169
11	1.363	1.796	2.201	2.718	3.106
12	1.356	1.782	2.179	2.681	3.055
13	1.35	1.771	2.16	2.65	3.012
14	1.345	1.761	2.145	2.624	2.977
15	1.341	1.753	2.131	2.602	2.947
16	1.337	1.746	2.12	2.583	2.921
17	1.333	1.74	2.11	2.567	2.898
18	1.33	1.734	2.101	2.552	2.878
19	1.328	1.729	2.093	2.539	2.861
20	1.325	1.725	2.086	2.528	2.845

6.10.3 | t 検定を実践しましょう

　図 6.10.2 は自由度 10 の t 分布を用いて、有意水準 5 % を設定した場合の t 検定の棄却域と採択域を示した図です。t 分布と Z 分布（図 6.6.1）や正規分布（図 6.7.1）の形を見比べると、**t 分布における帰無仮説の受容領域（t 検定の採択域）は Z 分布よりも広い**ことがわかります。

　t 分布は自由度が小さいほど分布が左右の裾に広がり、全体の形がなだらかになります。そのため、確率密度関数の下の面積が 95 %（100 %－有意水準）となる採択域の範囲も左右に広がっていきます。よって、**自由度が小さいほど、帰無仮説を棄却することは難しくなります。**

図 6.10.2　t 分布を用いて、有意水準 5 % を設定した場合の t 検定の棄却域と採択域

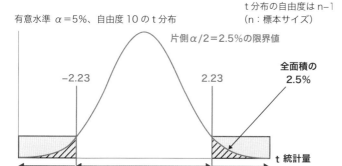

例

t 検定の例題：新開発の薬の効果を検証

　以下の課題について、有意水準 5 % で片側 t 検定を行います。

　「新開発の薬に患者の病状を改善する効果があるか」

　この仮説検証のために以下のような実験を行います。

　• {集団 1：薬を投与した患者} と {集団 2：薬を投与しなかった患者} の

それぞれから無作為で抽出した経過観察データを標本とする

- 検定の対象とする測定値が高いほど病気の症状が顕著である
- 集団1と集団2のデータサイズ、測定値の平均、不偏分散は以下の通りである

「未投与」 n_1=10 名　測定値：　平均 $x_1 = 38$　不偏分散 $S_1^2 = 8^2$

「投与」　 n_2=20 名　測定値：　平均 $x_2 = 30$　不偏分散 $S_2^2 = 6^2$

仮説は以下の通りです。

帰無仮説：$x_1 = x_2$

対立仮説：$x_1 > x_2$

t 検定量は**式6.10.1**を用いて計算されます。データサイズ、測定値の平均、不偏分散を代入すると結果は以下となります。

$$t = \frac{38 - 30}{\sqrt{\frac{1}{10} + \frac{1}{20}} \sqrt{\frac{(10-1)64 + (20-1)36}{10+20-2}}} = 3.07\cdots$$

自由度 $n_1 + n_2 - 2 = 28$、有意水準 **5％** の限界値を t 分布表の片側検定で読み取るとおおよそ **1.7** です。上記の t 検定量 **3.07** はそれを超えているので、**図6.10.2**の棄却域に入ります。したがって帰無仮説を棄却できると判断し、新しく開発された薬は効果があると認められます。

いかがでしたか？　t 検定のイメージを把握できたところで、是非身近なデータに対して使ってみてください。

chapter **6** 演習　独立な標本の平均値の差の検定

Q. 1

「30代の女性と20代の女性の間で美容関連の出費額に差があるかどう
か」を調べるために、以下の無作為抽出された標本データを入手しました。

　　グループ1：30代の女性　$n_1 = 20$名　の直近1ヶ月の美容関連出費額
　　グループ2：20代の女性　$n_2 = 18$名　の直近1ヶ月の美容関連出費額

　美容関連出費額は正規分布に従い、母分散は両グループで同じである
が、未知であると仮定します。

標本データから、それぞれのグループの平均と不偏分散を計算し、下記
の結果となりました。

　　グループ1：　平均 $x_1 = 15000$　不偏分散　$S_1^2 = 1000^2$
　　グループ2：　平均 $x_2 = 14500$　不偏分散　$S_2^2 = 900^2$

　グループ間で出費額に有意な差が存在するかどうかを、有意水準5%
で、t検定を用いて判断してください。

A. 1

収集したサンプルの性質は以下の通りです。

$n_1 = 20$名　測定値：平均 $x_1 = 15000$　不偏分散　$S_1^2 = 1000^2$
$n_2 = 18$名　測定値：平均 $x_2 = 14500$　不偏分散　$S_2^2 = 900^2$

仮説は以下の通りです。

帰無仮説：$x_1 = x_2$

対立仮説：$x_1 \neq x_2$

t 検定量は**式 6.10.1** を用いて以下のように計算されます。

$$t = \frac{15000 - 14500}{\sqrt{\frac{1}{20} + \frac{1}{18}} \sqrt{\frac{(20-1)1000000 + (18-1)810000}{20 + 18 - 2}}} = 1.61\cdots$$

自由度 36（20 + 18 − 2）、有意水準 5% の限界値を t 分布表の上で読み取ると 1.688 です。

上記で計算した t 検定量はこの限界値を超えていないので、帰無仮説は棄却できません。

本例題の t 検定による判断は以上の通りで十分ですが、さらに p 値を求めることで、この結論の妥当性を深掘りしてみましょう。以下の図は、Excel または Google Spreadsheet を用いて p 値を計算した結果です。

▼	fx	=1-T.DIST(A2,B2,TRUE)
A	**B**	**C**
t	df	p値
1.61	36	0.05806648150

※ df = degree of freedom = 自由度

t 分布から計算される p 値は有意水準の 0.025（両側検定なので 5% の半分）より大きく、有意ではありません。よって、今回得られたグループ 1 とグループ 2 の差は、偶然得られただけである可能性が十分にあります。

以上により、95% 程度の確率で 30 代の女性と 20 代の女性の間で美容関連の出費額に差があるとの結論には至りませんでした。

Chapter 7

2つの変数の関係

　相関関係とは、2つの事象の間に成り立つなんらかの直接的な関連性のことです。これに対して、因果関係とは事象同士が「原因と結果の関係」にあることです。相関関係が成立しても、必ずしも因果関係が成り立つとは限りません。この章では、身近な事例を使って相関関係と因果関係の違いを説明し、見せかけの因果関係に惑わされないための注意点を述べます。

　ビジネス等では、相関関係よりも因果関係の方を知りたいことが多いです。手持ちのデータだけから因果関係を厳密に証明し、結論付けることは難しいものの、基本的にはまず相関関係を示すところから始まり、相関関係が見られた場合、因果関係が成り立つための考察を進めます。

7.1 相関関係と因果関係

この節では「相関関係」について復習をしてから、同じく2変数間の関係性である「因果関係」を学びます。因果関係は相関関係とよく間違われるため、「原因と結果の関係」など因果関係の特性に注目してください。

7.1.1 相関関係について復習しましょう

Chapter5で皆さんは、相関関係と相関係数について学びましたね。相関関係の定義は至って単純です。変数Aと変数Bの間に相関関係があるということは、一言でいうと以下の通りです。

変数Aが増加した際、変数Bもほぼ同じ割合で増加または減少する傾向にある

つまり、変数同士の大きさに関連性があるのが相関関係です。

また、「**出来事の起こる順番は関係がない**」ということも特徴の1つです。

図7.1.1には、左から正の相関、無相関、負の相関を示す散布図が示されています。

図 7.1.1 左から X と Y の2変数の正の相関、無相関、負の相関を示す散布図

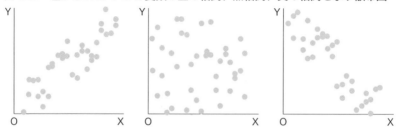

以下では、相関関係とよく間違われる、因果関係について解説します。

7.1.2 因果関係の特徴とは

事象 A と事象 B の間に因果関係 (Causal Relationship) があるとは、以下のことです。

- 事象 A (原因) が起きたことによって事象 B (結果) が変化する

あるいは

- 事象 B (原因) が起きたことによって事象 A (結果) が変化する

つまり、因果関係とは「**原因と結果の関係**」です。

以下の例は、「因果関係があると考えられる」現象です。後ほど述べるように、本当に因果関係があるのか、それとも見かけ上の因果関係なのかは、かなり慎重に調べないとわからないものです。

例

- スタッフを増やした (事象 A) ので、仕事にかかる時間が短くなった (事象 B)
- 週末にセールを開催した (事象 A) ので、通常の 2 倍程度のお客さんが来店した (事象 B)
- 広告を出稿した (事象 A) ので、自社 EC サイトの訪問者数が増えた (事象 B)

上記の例から想像できるように、因果関係を見つけ出せることで、収益アップにつながるなど、ビジネスにおいて有益そうですね。

改めて、因果関係の特徴として、以下の点が挙げられます。

(特徴1) 2つの事象の間に「原因と結果の関係」があり、一方がもう一方に
影響を及ぼしている
(特徴2) 出来事の起こる順番がある

相関関係の場合、出来事の起こる順番には関係がありません。一方で、**因果関係には時間的な方向性があります。**

例えば、「気温が上がったので、かき氷の売り上げが上がった」において、「気温上昇」が「かき氷の売り上げの上昇」をもたらしていることがあり得ます。しかし、「かき氷の売り上げが上がったので、気温が上がった」はあり得ませんね。

このように、一方向のみ成り立ち、逆が成り立たないことがあります。

相関関係と因果関係は同じではありません！

7.2 擬似相関と交絡因子

実世界では、因果関係があるように見えても、実は因果関係ではなくただの相関関係であるケースがあります。見せかけの因果関係の背景には、第三の因子である交絡因子 (Confounding Factor) があります。この節では身近な事例を通じて因果関係の見極め方を学びます。

Chapter 4 (P.153) で取り上げた、「1 日の最低気温」と「食料店の 1 日の鍋の素の売り上げ」を記録したデータがあるとします。横軸に「最低気温」、縦軸に「鍋の素の売り上げ」をとり、散布図としてプロットすると、次ページの図 7.2.1 のようになったとします。気温が低いほど鍋の素の売り上げが高くなる傾向が見られます。すなわち、気温と売り上げの間に「負の相関関係」が見えます。

「冬が近づいて最低気温が低くなったこと」を原因に、鍋を食べる機会が増え、結果として「鍋の素の売り上げが上がる」というのは直感的に納得できます。この場合、「1 日の最低気温」(事象 A) と「食料店の 1 日の鍋の素の売り上げ」(事象 B) が因果関係で結ばれている可能性は、直感的には正しいように思われます。

では、上記で挙げた例は本当に因果関係があるのか、それとも因果関係ではなく相関関係のみでしょうか? これを厳密に証明することは一般的に簡単ではありません。

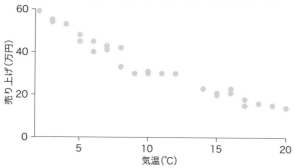

図 7.2.1　気温を横軸に鍋の素の売り上げを縦軸にプロットした散布図

　因果関係の見極めが難しいということを理解するために、別の具体例を見てみましょう。

例

「気温のデータ」
「ビールの売り上げのデータ」
「アイスの売り上げのデータ」
の 3 種類のデータを散布図にして可視化したところ、以下のパターンが読み取れました。

- 気温が上がるとビールの売り上げが上がる
- 気温が上がるとアイスの売り上げが上がる

　続いて、3 つのデータのうち「ビールの売り上げ」と「アイスの売り上げ」の 2 種のデータを散布図にすると、次ページの図 7.2.2 左のようになり、今回も、一方が増えるともう一方も増える傾向が見えました。さらに、相関係数を計算したところ、1 に近い大きな値となり、両者に強い相関関係があるとわかりました。

　しかし、「ビールの売り上げ上昇が原因となって、アイスの売り上げを上昇させている」という「原因と結果の関係」と解釈するのは、直感的にもお

かしいと思うはずです。

　これが、相関関係があるけど因果関係がないという現象にあたります。

　この場合、それぞれの事象が第三の要因に影響されている可能性があります。図 7.2.2 右にこれが表現されています。ここで第三の要因とは「気温」です。「気温」という共通の因子が「アイスの売り上げ」と「ビールの売り上げ」の両方に同じ方向の影響を及ぼしており、その結果、「アイスの売り上げ」と「ビールの売り上げ」の間に見かけ上の関係性ができてしまっているのです！

　これは、「ビールの売り上げ」と「アイスの売り上げ」は擬似相関（Spurious Correlation）の関係にあると表現できます。

　そして、この例で、「気温」に対応する共通の因子は交絡因子（Confounding Factor）と呼ばれ、以下のように説明されます。

- 直接的に関係しないはずの 2 変数のそれぞれに影響を与えて相関係数を高くする第三の因子
- 直接的に関係しないはずの 2 変数のそれぞれと因果関係が成り立つ第三の因子

　上記の例では幸い、常識と直感から因果関係がないと判断できそうです。しかし、もっとややこしいケースもあります。一見、因果関係があるように見える 2 つの事象でも、本当はただの相関関係でしかないことがあります。

図 7.2.2　「気温」という交絡因子が存在するため「ビールの売り上げ」と「アイスの売り上げ」の間には擬似相関が成り立つ

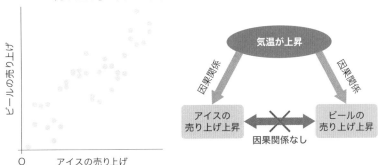

7.3 相関関係と因果関係の区別

　因果関係を証明することの難しさをうけて、この節では、ビジネスなど実用的な場面における、事象間の関係性の現実的な考え方について論じます。

7.3.1 因果関係から相関関係が生まれる

　2変数の間に因果関係がある場合、同時に相関関係が成り立つことが多いのです[1]。これは、**因果関係から相関関係が生まれる**からです。しかし逆は成り立つとは限りません。

　データをプロットし、明確な正または負の直線関係が観察されれば、相関関係がありそうと言ってもいいでしょう。また、相関関係を調べ、相関係数を計算することで、2つの変数が連動している程度を定量化できます。しかし、同じ2つの変数が必ずしも「原因と結果の関係」にあるわけではありません。

　因果関係を証明することは、とても難しいです。難しいからこそ、データ分析業務においては、2つの事象の因果関係の強い示唆を得ることをマイルストーンにすることが少なくありません。例えば、セール実施と来店人数または売り上げの間に「原因と結果の関係」が成り立つことがわかれば、ビジネスに有用な分析結果になります。

---

[1] ここで、必ず相関があると言ってしまうと、二次関数、シグモイド曲線でプロットされるものも、「相関関係」に含めていることになります。因果関係があっても、直線で近似できなければ、相関係数≒0になってしまうケースがあります。

因果関係がデータの本質であり、相関関係は見かけ上の現象です！

7.3.2 　因果関係を完璧に証明するのは困難

　実世界のデータには、様々な要因や交絡因子が絡み合っており、観察している変数の間には様々な交絡因子が存在している可能性があります。変数間で考えられるすべての関係をマッピングし、理解するには膨大なデータが必要で、そのデータ量の確保は難しいのです。

　また、データ量が確保できたとしても、そのデータから因果関係を証明することも困難です。確かに、因果関係を支持する「根拠」を見つけるための実験的・統計的手法は存在します。例えば、2つのグループを対応させる対照実験や、ランダムに選んだ対象者に実験に行うランダム化実験が挙げられます（高度なため、本書では詳細は省略します）。これらの方法により適切に計画された実験から、因果関係の証拠を得ることも可能です。しかし、実験にコストがかかる、適用できる例が限られれるなど万能ではありません。

　このように（本章で繰り返し言ってきましたが）、因果関係の証明は非常に難しいのです。

　都合の良いデータを見れば因果関係がある、と考えたくなります。しかし、相関関係と因果関係は両方とも視覚的に直線的な関係性に見えてしまうため、擬似相関はビジネスのデータの誤解釈につながりやすいものです。

　ビジネスの世界において、見せかけの因果関係に騙されないためには、統計学的な手法に精通していなくても、**データが生み出された背景、データが取得された経緯、データに影響を与えている要素を網羅的に考える**ことが大切です。因果関係があると思われるデータに遭遇したときには、調べようとしている現象と類似したデータや資料を探し出し参考にするのも良いでしょう。

最後に、1つ大事なことをいいます。

因果関係の証明は確かに難しいですが、データ分析の目的は、因果関係を厳密に証明することではありません。変数間の関係性を通じて、ビジネスに活用したり、社会を効率化したり、さらに上位の目的があるはずです。

「値の予測」だけであれば、因果関係が証明されていなくても、使えるモデルの構築は可能です。因果関係の確度が高ければより信頼性は高まりますが、必須ではありません。

例えば、「アイスクリームの売り上げ」と「扇風機の販売台数」の間には因果関係があるとは思えませんが、強い相関関係がある可能性があります。論理的に納得できる因果関係が証明できているかを一旦無視し、数値として予測できるかどうかだけを考えた場合、片方の変数の値がわかれば、もう片方の変数の値を予測することができます。

■ 覚えましょう！

相関関係
　2つの変数のうち、一方が変化すれば他方も同じ割合で変化するような関係。出来事の起こる順序は関係ないのが特徴で、お互いに直接的な影響があるとは限らない。

因果関係
　ある事象が原因となって別の事象を引き起こしているような関係。時間的な順序が特徴である。

2変数に「相関があること」と「因果関係があること」は全く別。
原因と結果に見えるようなことであっても、因果関係があるとは限らない。

Excel 関数一覧

Excel には多くの関数が実装されています。以下、本書を読み進めるうえで知っていると便利な関数を紹介しております。是非ご活用ください。

関数	書式	説明
SUM 関数	SUM（値）	複数のセルの数値の合計を求める関数です。「値」には合計したいセル範囲を指定します。
SUMIF 関数	SUMIF（範囲, 検索条件, [合計範囲]）	指定した条件を満たすセルの値の合計を求めます。「範囲」には SUMIF 関数を適用する範囲を指定します。「検索条件」は、その値を合計の計算に用いるかどうかを判断する条件を指定します。「合計範囲」は合計を求めるセル範囲を指定します。「合計範囲」の指定は省略することができ、省略すると「範囲」で指定した範囲が「合計範囲」とみなされます。
COUNT 関数	COUNT（値 1, [値 2]）	指定したセル範囲の中にある、数値を含むセルの個数を数えます。
COUNTIF 関数	COUNTIF（範囲, 検索条件）	「範囲」で指定したセルの範囲の中から、「検索条件」で指定した条件にあうデータの個数を数えます。
COUNTA 関数	COUNTA（値 1, [値 2]）	指定したセル範囲の中にある、空白ではないセルの個数を数えます。
COUNTBLANK 関数	COUNTBLANK（範囲）	指定したセル範囲の中にある、空白のセルを数えます。
FREQUENCY 関数	FREQUENCY（データ配列, 区間配列）	指定したセル範囲内に含まれるデータの度数分布を計算することができます。「データ配列」には数値が入力されているセル範囲を指定します。「区間配列」には区間が入力されているセル範囲を指定します。

関数	書式	説明
MEDIAN 関数	MEDIAN（数値 1, [数値 2] , ...)	指定したセル範囲の数値の中央値を返します。
MODE.SNGL 関数	MODE.SNGL（数値 1, [数値 2],...)	指定したセル範囲の数値の最頻値を返します。
MIN 関数	MIN（数値 1, [数値 2] ,...)	指定したセル範囲の数値の最小値を返します。
MAX 関数	MAX（数値 1, [数値 2] ,...)	指定したセル範囲の数値の最大値を返します。
AVERAGE 関数	AVERAGE（数値 1, [数値 2] ,...)	指定したセル範囲の数値の平均値を返します。
QUARTILE.INC 関数	QUARTILE.INC（配列 , 戻り値)	「配列」で指定したセル範囲の数値範囲の中で、四分位数を返します。「戻り値」には、0,1,2,3,4 のいずれかを指定します。0 を指定すると最小値、1 を指定すると第 1 四分位数(25%)、2 を指定すると第 2 四分位数(中央値 , 50%)、3 を指定すると第 3 四分位数(75%)、4 を指定すると最大値を返します。
VAR.P 関数	VAR.P（数値 1, [数値 2] ...)	指定したセル範囲の数値の標準偏差を返します。データ全体を母集団とした、記述統計学としての分散を返します。
VAR.S 関数	VAR.S（数値 1, [数値 2] ...)	指定したセル範囲の数値を、正規分布に従う母集団からの標本とみなし、不偏分散を返します。推計統計学としての標本の不偏分散を返します。
STDEV.P 関数	STDEV.P（数値 1, [数値 2] ...)	指定したセル範囲の数値の分散を返します。データ全体を母集団とした、記述統計学としての標準偏差を返します。
STDEV.S 関数	STDEV.P（数値 1, [数値 2] ...)	指定したセル範囲の数値を、正規分布に従う母集団からの標本とみなし、不偏標準偏差を返します。推計統計学としての標本の不偏標準偏差を返します。

関数	書式	説明
NORM.S.DIST 関数	NORM.S.DIST (x, 関数形式)	「x」には、任意の実数を指定できます。「関数形式」に FALSE（または 0）を指定すると、「x」で指定した値における、標準正規分布の確率密度を返します。「関数形式」に TRUE（または 1）を指定すると、標準正規分布の累積分布関数（確率密度を、－∞から「x」で指定した値までの範囲で積分した値）を返します。
STANDARDIZE 関数	STANDARDIZE (x, 平均, 標準偏差)	「x」で指定した数値を、「平均」「標準偏差」で指定した値を用いて標準化した値を返します。
T.DIST 関数	T.DIST (x, 自由度, 関数形式)	「x」には、任意の実数を指定できます。「関数形式」に FALSE（または 0）を指定すると、「x」で指定した値における、「自由度」で指定した自由度の t 分布の確率密度を返します。「関数形式」に TRUE（または 1）を指定すると、「自由度」で指定した自由度の t 分布の累積分布関数（左側確率）（確率密度を、－∞から「x」で指定した値までの範囲で積分した値）を返します。
T.INV 関数	T.INV (x, 自由度)	「x」には、0 以上 1 以下の実数を指定できます。「自由度」で指定した自由度の t 分布において、左側確率が x となる t 値を返します。
SLOPE 関数	SLOPE (配列 y, 配列 x)	目的変数のセル範囲を「配列 y」、説明変数のセル範囲を「配列 x」に指定することで、単回帰分析を行い、その傾きを返します。
INTERCEPT 関数	INTERCEPT (配列 y, 配列 x)	目的変数のセル範囲を「配列 y」、説明変数のセル範囲を「配列 x」に指定することで、単回帰分析を行い、その切片を返します。

おわりに

　本書では統計学の基本的な概念や、統計的な議論の特徴、適用範囲などを解説しました。

　「はじめに」で述べました通り、不可欠な数式は遠慮なく登場しました。難しさを感じた方もいらっしゃるかと思いますが、実践的なデータ活用に向けた大切なステップだったと思います。一方で、統計学を応用する場面で使うことが稀な、数学的に厳密で高度な内容は、割愛させて頂きました。統計学は、歴史的に有名な数学者たちが、多様な関数、極限、微分積分を応用し、研究を積み重ねて構築した学問で、決して平易ではありません。統計学の専門家にとっては、議論の根幹をなす大事な部分なのですが、実世界への応用という立場から見ると、すべてのビジネスパーソンに、それを理解するよう強いるのはハードルが高いと言わざるを得ません。高度で緻密な数学的な議論は数学者・統計学者に任せ、その信頼できる結果を正しく応用する立場で本書を執筆しました。

　本書で学んだ基礎をもとに、皆さんにはさらなるステップアップしていただきたく、おすすめの書籍を紹介いたします。

　まず、より発展的に学ぶための教科書です。

- 「統計学が最強の学問である」（西内啓、ダイヤモンド社）
  統計学のベストセラー。本書よりも厳密に、専門家の立場から書かれた入門書です。
- 「1億人のための統計解析 エクセルを最強の武器にする」（西内啓、日経BP社）
  上の本の著者による、エクセルを用いた統計学の実践テキストです。
- 「Pythonで学ぶあたらしい統計学の教科書 第2版」（馬場真哉、翔泳社）
  今最も人気のあるプログラミング言語であるpythonで統計学を学べます。
- 「入門 実践する統計学」（藪友良、東洋経済新報社）
  身近な例を用いて、わかりやすく説明された教科書です。数学力が必要です。
- 「統計学入門」（松原望、東京大学出版会）
  しっかり学ぼうと思ったら、最も有名な本はこの本です。高度な数学力が必要です。
- 「データ分析のための統計学入門」（マイン・チェティンカヤーランデル）
  無料の教科書です。タイトルをweb検索してみてください。数学力が必要です。

　以下は、統計学を用いた議論ができるようになりたい、不正確な情報に騙されないようになりたいという方への、統計学のリテラシーを高めるのに、おすすめの書籍です。

- 「統計でウソをつく法」（ダレル・ハフ、講談社ブルーバックス）
- 「ニュースの数字をどう読むか」（トム & ディヴィッド・チヴァース、ちくま新書）
- 「データを疑う力」（麻生一枝、TTS 新書）
- 「ダメな統計学」（アレックス・ラインハート、勁草書房）

浜松 ウエジマ

索引

■本書サポートページ

https://isbn2.sbcr.jp/15215/

- 本書をお読みいただいたご感想を上記URLからお寄せください。
- 上記URLに正誤情報、サンプルダウンロードなど、本書の関連情報を掲載しておりますので、あわせてご利用ください。
- 本書の内容の実行については、すべて自己責任のもとで行ってください。内容の実行により発生した、直接・間接的被害について、著者およびSBクリエイティブ株式会社、製品メーカー、購入された書店、ショップはその責を負いません。

著者紹介

浜松 ウエジマ（はままつ うえじま）
東京大学大学院理学系研究科修了後（理学博士）、物理学の研究者と科学コミュニケーターを経て、現在はデータサイエンティスト、データ活用推進アドバイザリー、学生および社会人の教育活動のほか、翻訳家、ライターとしても幅広く活動。文章を書くのが好きすぎて、卒論が1000ページ近くになり指導教官の逆鱗に触れ、泣く泣く200ページの超コンパクト版を提出したのも今は良き思い出。

統計学×データ分析
基礎から体系的に学ぶデータサイエンティスト養成教室

2023年 1月9日　初版第1刷発行

著者 ………………………… 浜松 ウエジマ
発行者 ……………………… 小川 淳
発行所 ……………………… SBクリエイティブ株式会社
　　　　　　　　　　　　　　〒106-0032　東京都港区六本木2-4-5
　　　　　　　　　　　　　　TEL 03-5549-1201（営業）
　　　　　　　　　　　　　　https://www.sbcr.jp
カバーデザイン …………… 菊地 昌隆（Asyl/Ball Design）
本文イラスト ……………… のじままゆみ
本文デザイン・組版 ……… クニメディア株式会社
編集 ………………………… 荻原 尚人
印刷 ………………………… 株式会社シナノ

Printed in Japan　ISBN 978-4-8156-1521-5